AGRICULTURE.

Les quatre-vingt-dix-neuf centièmes des cultivateurs,
sans trop s'en douter, laissent annuellement perdre, en engrais,
l'équivalent, en moyenne, de la moitié du prix de ferme
de la propriété qu'ils exploitent.

LES ENGRAIS

PERDUS

DANS LES CAMPAGNES

(DEUX MILLIARDS PAR AN.)

COMMENT ON LES RECUEILLE ET COMMENT ON LES EMPLOIE.
PROCÉDÉS AUSSI SIMPLES QU'ÉCONOMIQUES A LA PORTÉE DES PLUS
PAUVRES CULTIVATEURS.—MATIÈRES FÉCALES, SOLIDES ET LIQUIDES.—
ANIMAUX MORTS; CHAIR, SANG, OS, CORNES, POILS, PLUMES DE REBUT;—
PRINCIPES FERTILISANTS VOLATILES DES FUMIERS DE FERME; PURINS,
URINES.—EAUX DE LAVAGE DES LAINES, DU ROUISSAGE DU CHANVRE, ETC.
EAUX DE PLUIE, LAVANT LES COURS, LES CHEMINS, LES TERRES; EAUX
DES RUISSEAUX, ETC.—LES CHAMPIGNONS NON COMESTIBLES
CONVERTIS EN RICHE ENGRAIS.—L'AJONC ACCAPAREUR
ET RÉCEPTACLE D'AZOTE, ETC., ETC.

PAR N. DELAGARDE,

AGRICULTEUR.

DEUXIÈME ÉDITION.

—

*Chaque volume est accompagné d'un bon, d'une valeur de 60 centimes
(du 5e du prix d'un renseignement — consultation — agricole).
En réalité ce livre ne reviendra à son possesseur,
s'il utilise le bon, qu'à 90 centimes.*

CHEZ L'AUTEUR

AUX CHEVALIERS, COMMUNE D'USSEAU, PAR CHATELLERAULT (VIENNE).

1866

Tous droits réservés.

RENSEIGNEMENTS — CONSULTATIONS
AGRICOLES.

Il est des cas rares, mais qui cependant peuvent se présenter plusieurs fois dans le cours d'une carrière agricole, où le cultivateur, même le plus habile, se trouve dans l'embarras. Il aurait besoin d'un renseignement, d'un conseil désintéressé, et ne sait parfois où le prendre. S'il possède des livres d'Agriculture, il les consulte souvent en vain. Un livre quelque complet qu'il soit ne peut donner des solutions à toutes les questions, des réponses à toutes les demandes. C'est donc avec la conviction qu'il peut être utile à ses confrères en culture, que l'auteur met son expérience à leur disposition. — Écrire *franco* en faisant passer TROIS francs en timbres-poste ou en mandat sur la poste.

2 fr. 40 et le bon ci-dessous forment le prix d'un renseignement — consultation — agricole.

(VALEUR 60 CENTIMES.)

BON pour un cinquième du prix d'un

RENSEIGNEMENT — CONSULTATION — AGRICOLE.

NOTA. — Ce bon ne peut servir à payer une partie du prix de ce livre, mais bien une partie du prix d'un renseignement—consultation — agricole.

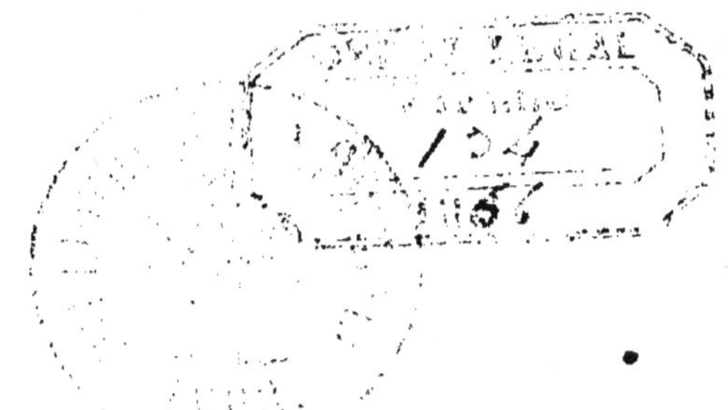

LES ENGRAIS

PERDUS

DANS LES CAMPAGNES.

PROPRIÉTÉ.

POITIERS. — TYPOGRAPHIE DE HENRI OUDIN.

AGRICULTURE.

Les quatre-vingt-dix-neuf centièmes des cultivateurs,
sans trop s'en douter, laissent annuellement perdre, en engrais,
l'équivalent, en moyenne, de la moitié du prix de ferme
de la propriété qu'ils exploitent.

LES ENGRAIS
PERDUS
DANS LES CAMPAGNES
(DEUX MILLIARDS PAR AN.)

COMMENT ON LES RECUEILLE ET COMMENT ON LES EMPLOIE.
PROCÉDÉS AUSSI SIMPLES QU'ÉCONOMIQUES A LA PORTÉE DES PLUS
PAUVRES CULTIVATEURS.—MATIÈRES FÉCALES, SOLIDES ET LIQUIDES.—
ANIMAUX MORTS ; CHAIR, SANG, OS, CORNES, POILS, PLUMES DE REBUT ; —
PRINCIPES FERTILISANTS VOLATILES DES FUMIERS DE FERME ; PURINS,
URINES.—EAUX DE LAVAGE DES LAINES, DU ROUISSAGE DU CHANVRE, ETC.
EAUX DE PLUIE, LAVANT LES COURS, LES CHEMINS, LES TERRES ; EAUX
DES RUISSEAUX, ETC.— LES CHAMPIGNONS NON COMESTIBLES
CONVERTIS EN RICHE ENGRAIS.—L'AJONC ACCAPAREUR
ET RÉCEPTACLE D'AZOTE, ETC., ETC.

PAR N. DELAGARDE,
AGRICULTEUR.

DEUXIÈME ÉDITION.

*Chaque volume est accompagné d'un bon, d'une valeur de 60 centimes
(du 5e du prix d'un renseignement — consultation — agricole).
En réalité ce livre ne reviendra à son possesseur,
s'il utilise le bon, qu'à 90 centimes.*

CHEZ L'AUTEUR
AUX CHEVALIERS, COMMUNE D'USSEAU, PAR CHATELLERAULT (VIENNE).
1866
Tous droits réservés.

AVERTISSEMENT.

Plusieurs mille volumes placés en quelques jours ; les approbations les plus hautes et les plus compétentes (hommes d'Etat, économistes, agriculteurs, chimistes, officiers de l'Instruction publique, etc.) ; les services que, de l'avis des personnes les plus autorisées, cet ouvrage est appelé à rendre aux enfants qui fréquentent les écoles rurales, et aux cultivateurs leurs parents ; les lettres les plus flatteuses ; la poésie (**Victor Hugo**) nous adressant ses félicitations ; l'approbation de notre Société d'Agriculture; les comptes-rendus des journaux spéciaux, qui se sont jusqu'ici occupés de notre livre; les communications directes de quelques rédacteurs, qui n'ont encore pu en parler; enfin, par-dessus tout, les remerciements que nous adressent, journellement, de simples cultivateurs, au nom de tous les travailleurs des champs, nous prouvent que notre ouvrage, sur les Engrais perdus dans les Campagnes, répond à un besoin et nous engagent à donner cette seconde édition, où nous avons corrigé quelques erreurs qui s'étaient glissées dans la première et amélioré plusieurs parties.

Nous accueillerons, avec le plus grand intérêt, *les observations et communications que nos lecteurs voudront bien nous faire l'honneur de nous adresser. S'il y a lieu, il en sera tenu compte, avec l'indication de la source, lors du prochain tirage, si l'accueil que fera le public à ce modeste travail nécessite une troisième édition.*

Nous voudrions que ce livre fût, non pas notre ouvrage, mais celui de tous les écrivains agricoles et de tous les agriculteurs. L'union ! l'union ! sans mesquines jalousies, sans esprit de coterie, c'est à ce prix seul que l'Agriculture française peut espérer triompher.

AVANT-PROPOS.

Il se perd chaque année en France, dans les campagnes seulement, pour deux milliards de francs d'engrais, pouvant être recueillis et préparés en quelque sorte sans frais ; et presque tous les cultivateurs pourraient solder la moitié du prix de la ferme qu'ils exploitent, avec la valeur des engrais qu'ils laissent perdre faute de savoir ou faute de soin. Cette assertion qui sera peut-être difficilement acceptée par les personnes qui n'ont pas étudié ce sujet, n'est cependant que la plus entière vérité. Mais, dira-t-on , les cultivateurs ignorent-ils les pertes énormes qu'ils éprouvent? Presque tous l'ignorent, et parmi le petit nombre de ceux qui s'en rendent compte , il n'y en a peut-être pas un sur cent qui consente à employer les moyens, trop compliqués et trop coûteux, il faut bien le reconnaître, qui sont épars dans les ouvrages traitant, plus ou moins complétement, la question qui nous occupe. Il ne faut pas oublier quelle transformation a subie et subit chaque jour la propriété en France , et lorsqu'on écrit, ne pas sembler avoir seulement en vue des administrations de vidanges , des fabriques d'engrais et des fermes à trente-six carats. Certes ! il faut écrire pour la grande culture inauguratrice , s'il nous est permis de nous exprimer ainsi, et protectrice de tous les progrès ; mais il faut aussi se préoccuper de la moyenne et de la petite, qui, si le mouvement continue, règneront bientôt en souveraines. Nous constatons le fait, rien de plus. — Les procédés que nous donnons pour recueillir et préparer les engrais généralement perdus dans les campagnes, ne seront pas toujours aussi parfaits que ceux qui sont mis en usage dans les grands établissements, mais ils auront sur ces derniers l'avantage de pouvoir être appliqués, très-économiquement et très-fructueusement, aussi bien par le cultivateur qui ne possédera qu'un hectare et même moins, que par celui qui en exploitera des centaines. — Tout en nous appuyant sur la science, nous nous sommes efforcés de rester à la portée des personnes les moins instruites, à l'intention desquelles nous avons écrit les lignes qui suivent [1], et l'Appendice placé à la fin de cet ouvrage, où sont réunies des matières qui auraient pu faire l'objet de plusieurs gros volumes. Par les sujets qu'il traite, l'esprit dans lequel il est écrit, le choix des caractères et la disposition spéciale de l'impression, ce livre convient éminemment aux écoles rurales. Les enfants le liront avec intérêt, parce qu'il y est question de choses qu'ils ont appris à connaître dès leurs premières années, et ce qu'ils ne pourront comprendre le sera par leurs parents qui, au besoin, en demanderont l'explication aux personnes capables de la commune. L'attention des cultivateurs sera ainsi éveillée, et un double résultat atteint :

1. L'Introduction.

l'instruction des pères en même temps que celle des fils.

C'est avec la conviction d'accomplir un devoir, que nous offrons cette modeste publication à tous ceux qu'une nécessité, un intérêt, un sentiment attache à la culture du sol, au bien-être de ses vingt-cinq millions de travailleurs, au développement de l'industrie-mère, la première de toutes, *seule base réelle de la prospérité de la France*.

INTRODUCTION.

De même que les aliments préférés par l'homme et par les animaux contiennent, en fortes proportions, les substances que l'on retrouve en quantités notables, dans leurs excréments, leurs chairs, etc., de même aussi, les substances les plus favorables à la nutrition des végétaux, à leur croissance rapide, entrent pour une part importante dans la composition de leurs tiges, leurs feuilles, etc.

Ces substances sont de deux sortes, *gazeuses* et *minérales*. On donne aussi aux unes qui sont : l'*oxygène* [1], l'*hydrogène* [2],

1. Appendice. — *Voyez* Acide sulfurique. — 2. *Voyez* Ammoniaque.

l'*azote* [1], le *carbone* [2], les noms de : *organiques, volatiles*, et aux autres, qui sont : l'*acide
phosphorique* [3], la *potasse* [4], parfois la *soude* [5], la *silice* [6], la *chaux* [7], l'*acide sulfurique* [8],
la *magnésie* [9], le *fer* et le *sel*, les noms de :
inorganiques, solides, fixes, incombustibles.

Ces substances organiques qui entrent dans
la composition des végétaux, dans la proportion, en moyenne, de 95 pour 100, viennent de l'air ; les substances *minérales*, qui ne
leur fournissent qu'environ 5 pour 100, viennent de la terre.

Après la mort des plantes, pendant leur
décomposition, leur combustion naturelle,
les substances *organiques*, l'hydrogène,
l'azote et une partie du carbone retour-

1. *Voyez* Azote. — 2. On appelle carbone, le charbon à
l'état pur. — 3, 4, 5, 6, 7, 8, 9. *Voyez* l'Appendice.

nent à l'air, et les substances *minérales* restent à la terre. Si on brûle les plantes à l'air, il ne reste que la matière minérale. Ainsi, par exemple, si l'on fait brûler 100 kilogrammes de paille, on n'obtiendra qu'environ 5 kilogrammes de cendres, représentant les parties *minérales* de la paille ; quant aux 95 autres kilogrammes, qui en étaient les parties *gazeuses*, ils sont allés se joindre à l'air qui les avait primitivement fournies.

Rien n'est donc jamais perdu. Dans le cercle infranchissable que lui a tracé une volonté souveraine, la matière, sans cesse en travail, subit de continuelles transformations jusqu'au jour où Dieu lui dira : C'est assez. Nous assistons à un perpétuel miracle et qui proclame la Providence si haut que l'infirmité et la mauvaise foi peuvent seules dire ne pas voir et ne pas entendre.

Ces substances *gazeuses* et *minérales*, qui forment le corps des plantes, en sont aussi les aliments. Les aliments *gazeux* sont dans l'air, absorbés par les feuilles et les rameaux, et dans la terre par les racines qui y prennent aussi les aliments *minéraux* [1].

Parmi tous ces aliments, l'azote [2], lorsqu'il est combiné avec l'hydrogène ou l'oxygène [3], c'est-à-dire à l'état d'ammoniaque [4] ou d'acide azotique, est la substance qui favorise le plus la végétation ; puis viennent la chaux, la potasse, la soude, etc. Ces diverses substances ne sont pas absorbées par les végétaux dans leur état de pureté, mais combinées avec d'autres substances qui transforment ou neu-

1. Baron de Liebig.—2, 3, 4. Voir l'Appendice.

tralisent les principes nuisibles qu'elles peuvent contenir et les rendent plus propres à
être digérées, s'il nous est permis de nous
exprimer ainsi, par les plantes auxquelles elles
sont destinées à servir de nourriture. On dit
alors que ces substances sont assimilables,
c'est-à-dire qu'elles sont dans l'état le plus
convenable au développement des végétaux,
qu'elles peuvent être absorbées par eux.

Les divers engrais du commerce contiennent, selon leur origine et les préparations
dont ils ont été l'objet, en plus ou moins
grande proportion, les substances nécessaires à la nutrition des plantes. Nous venons de
dire que parmi ces substances, l'azote était
celle qui favorisait le plus le développement
des végétaux. L'azote revient ordinairement
dans les engrais commerciaux, non fraudés, à
2 fr. 50 c. le kilogramme, et les autres subs-

tances entrant dans la composition des plantes, pour une forte proportion, reviennent à :
phosphate de chaux 15 à 20 centimes , potasse et soude 30 à 35 centimes le kilogramme.
Ce sont là, à peu près, les prix de ces substances dans les engrais de bonne qualité ; mais
dans ceux qui sont fraudés, l'azote est parfois
payé 10 à 15 fr. , et plus, le kil. La fraude
des engrais est l'une des plaies de l'agriculture moderne. Mais même à 2 fr. 50 le kil.,
à moins d'être placé dans des conditions ex-
ceptionnelles, le cultivateur ne peut trouver
son compte. Mieux vaut donc, à tous les points
de vue, recueillir les divers engrais qu'on laisse
généralement perdre. On se procurera ainsi,
sur place, à très-bas prix, des matières fertilisantes qui vont ordinairement dans le sous-
sol, à la rivière, ou dans l'atmosphère.

LES ENGRAIS

PERDUS

DANS LES CAMPAGNES.

—

(DEUX MILLIARDS PAR AN.)

PREMIÈRE PARTIE.

CHAPITRE PREMIER.

L'ENGRAIS HUMAIN.

L'usage de l'engrais humain remonte à une époque très-reculée. Les Grecs et les Romains l'employaient pour fertiliser leurs champs, tout en lui préférant, cependant, le fumier des oiseaux de basse-cour, les volatiles aquatiques (canards, oies, etc.) exceptés.

Cependant l'usage en fut successivement restreint dans l'antiquité. Plusieurs peuples, entr'autres les Hébreux, le considéraient, bien à tort, comme malfaisant. Les Romains eux-mêmes ne s'en servaient que discrètement, dans la crainte mal fondée qu'il n'altérât la qualité des produits du sol.

En France on ne sut pas en tirer un meilleur parti, et, jusqu'à ces dernières années, les matières fécales furent toujours considérées par les villes comme un embarras.

L'engrais humain est cependant l'un des plus riches engrais connus.

La quantité de matières que rend chaque jour une personne adulte varie selon son organisation et la plus ou moins grande somme d'aliments qu'elle absorbe.

Voici les résultats qu'ont obtenus MM. Valentin et Barral [1] :

	Parties solides.	Parties liquides.
Valentin ,	0 kil. 191	1 kil. 999
Barral ,	0 141	1 272
Moyenne [2],	0 kil. 166	1 kil. 635

Ainsi, une personne adulte donne par année

1. Heuzé, *Cours d'Agriculture pratique, matières fertilisantes*, page 331.

2. M. le baron de Liebig a trouvé : matières solides , 0 kil. 135; matières liquides, 0 kil. 625. Mais évidemment ces résultats ne peuvent s'appliquer aux travailleurs des champs, hommes et femmes en bonne santé qui, vivant en plein air, et obligés de fournir de rudes travaux , absor-

60 kil. 590 de parties solides et 596 kil. 775 de parties liquides. En tout 657 kil. 375, contenant 9 kil. 926 d'azote [1] et 12 kil 696 d'acide phosphorique [1] correspondant, au moins, à 26 kil. de phosphate de chaux [1].

Or, comme ce sont ces substances, azote et phosphates, azote surtout, qui servent à déterminer la richesse et par suite la valeur d'un engrais; et comme 100 kilogrammes de bon guano du Pérou, qui reviennent à 37 fr.,

bent une grande quantité de nourriture solide et liquide et produisent des déjections en proportion. Il résulte, en effet, des expériences auxquelles nous nous sommes livré, que les moyennes des déjections des travailleurs des campagnes répondent aux chiffres moyens résultant des observations de MM. Valentin et Barral.

1. Voir l'appendice.

port compris, contiennent, en moyenne, 13 kilogrammes d'azote et 25 kilogrammes de phosphate, il résulte que les matières, tant solides que liquides, produites en une année par
une personne adulte, ont une valeur d'au
moins 28 francs, quelques variations que l'on
fasse subir au prix de l'azote et du phosphate,
et sont plus que suffisantes pour fumer 20 à
25 ares de terre.

Un enfant de 12 à 15 ans rend chaque jour,
d'après M. Barral :

Déjections solides : 0 kil. 084.

Déjections liquides : 0 kil. 520.

Soit, par année, en tout, 220 kilogrammes,
quantité suffisante pour fumer 5 ares de terre.

A poids égal, l'engrais humain mixte, parties solides et urines mélangées, vaut :

Plus d'une fois et demie le fumier de mouton ;

Le double de celui de cheval ;

Le triple de celui de vache ;

Plus du quadruple de celui de porc.

Et, qu'on le remarque bien, il ne s'agit pas des fumiers tels qu'on les sort des écuries, des étables et des bergeries, mais de déjections *pures*, telles que les animaux les produisent et ayant alors une bien autre valeur fertilisante qu'après leur mélange avec de la paille ou tout autre excipient.

L'engrais humain est donc l'un des plus riches, et il faut qu'il en soit ainsi, puisque la poudrette produit encore d'excellents effets, et n'est cependant pas autre chose que de la matière fécale restée exposée pendant plusieurs mois et parfois plusieurs années au soleil et à la pluie, et ayant conséquemment perdu les 5/6es de sa valeur. Les cultivateurs en achètent et ils ont raison ; mais pourquoi acheter à grands frais ce qu'ils peuvent fort bien se procurer chez eux pour rien ?

CHAPITRE II.

L'ENGRAIS HUMAIN EST PERDU DANS LES CAMPAGNES.

Excepté en Flandre [1], dans les campagnes les matières fécales ne sont jamais recueillies. Elles salissent et infectent les alentours des habitations.

Habitués à vivre en plein air, les paysans

1. Tout le monde sait que la Flandre doit sa richesse et son incontestable supériorité agricole surtout à l'emploi de l'engrais humain.

ne se prêtent que difficilement à se rendre, lorsqu'ils sont à la ferme, dans un lieu désigné. Il faut un peu de volonté pour obtenir ce résultat, mais la plupart des chefs d'exploitation n'y songent même pas.

Il se perd ainsi, chaque année, sans profit pour personne, et au préjudice de la propreté, voire même d'autre chose, pour des centaines de millions de francs d'engrais.

Les cultivateurs ne passent pas, en moyenne, plus de 6 heures sur 24, hors de la ferme. Si les jours sont longs l'été, par contre ils sont l'hiver fort courts. La fermière, au moins. reste constamment à la maison et tout le personnel s'y trouve réuni la nuit, aux heures des repas, lorsque certains travaux l'exigent, et pendant les mauvais temps. Les trois quarts des déjections pourraient donc être recueil-lies. En négligeant de le faire, on perd au moins 20 francs par personne, chaque année. En appliquant à ces 20 francs perdus tous les ans, la règle de l'intérêt composé à cinq pour cent (souvent, malheureusement, les cultivateurs empruntent à un taux plus élevé), au bout de trente ans, durée moyenne d'une carrière agricole, c'est une perte de 1,330 fr. 1,330 francs par la faute du fermier, 1,330 fr. par celle de la fermière font 2,600 francs ; et si, seulement, ils ont occupé pendant ces trente années un valet et une servante ou leur équivalent en journaliers et journalières, c'est encore deux autres mille six cents francs de perdus. Total, 5,200 francs. Nous ne par-lons même pas des enfants. Si la ferme compòrte un personnel de dix, vingt personnes, c'est 13,000 francs ou bien 26,000 francs de perdus. Après trente années de travail, combien de fermiers ont mis de côté 5,200, 13,000 ou 26,000 francs? Avons-nous besoin d'insister davantage?

On achète de l'engrais dont on ne connaît pas toujours la valeur fertilisante, qu'il faut aller chercher au loin, et on ne se donne pas la peine de recueillir celui qu'on a sous la main, qui ne coûterait rien et de l'efficacité duquel on serait sûr. Lorsqu'on fait ces observations aux cultivateurs, ils répondent :

« Cela est vrai, mais comment faire? Il n'y
« a point de latrines dans nos maisons, il est
« coûteux d'en faire construire, et puis il
« faudrait les faire curer et attendre un ou

« deux ans notre poudrette. Ça nous dégoûte.

« S'il y avait un moyen prompt, facile, sans

« frais et point répugnant, nous l'employe-

« rions, mais nous n'en connaissons pas. »

Ce moyen, ou plutôt ces moyens, nous allons les faire connaître.

CHAPITRE III.

MOYENS
DE RECUEILLIR L'ENGRAIS HUMAIN
ET DE LUI CONSERVER TOUTES SES QUALITÉS
FERTILISANTES.

Nous sommes peu partisan des latrines comme on les construit ordinairement ; il faut toutes sortes de cérémonies pour les vider. C'est un événement dans la maison et un événement répugnant au dernier point. Aussi ne cure-t-on les latrines que lorsqu'on y est forcé. On se trouve alors en quelque sorte encombré par une certaine quantité de matière fécale , infectante , en raison de sa masse , malgré tous les désinfectants possibles, diffi-.cile à transporter et à dessécher, ou à mélanger avec d'autres substances pour pouvoir être appliquée aux besoins de l'agriculture.

Nous conseillons aux cultivateurs de se servir d'une boîte ou d'un baquet , muni de deux anses, d'une capacité variable, selon le nombre des personnes qui devront y déposer leurs déjections, placé dans une cavité , la partie supérieure au niveau du sol et recouverte soit d'un siége ordinaire, soit d'un simple couvercle percé d'une lunette. Dans les deux cas, siége ou couvercle devra pouvoir s'enlever à volonté.

Ces latrines économiques , infiniment préférables, sous tous les rapports, comme on le verra bientôt, aux latrines souterraines, peuvent être établies n'importe où : dans une cave, dans une écurie, dans une grange, sous un hangar, où il suffira de placer quelques clayonnages pour les abriter des regards.

Nous allons maintenant faire connaître diverses méthodes qu'on peut employer pour désinfecter les matières fécales, tout en leur conservant leurs qualités fertilisantes.

1° On peut se servir de couperose verte (sulfate de fer [1], dont le prix varie de 15 à 20 centimes le kilogramme). On fait dissoudre 4 kilogrammes de couperose verte dans 8 litres d'eau et on verse, chaque jour, dans le

1. Voir l'appendice.

baquet aux déjections 90 grammes de cette solution par personne. Pour désinfecter ainsi pendant une année les matières fécales , par exemple de cinq personnes . il faut pour environ 18 francs de couperose verte , soit 3 francs 60 centimes par personne ; mais on conserve toutes ses qualités à une masse d'engrais qui ne vaut pas moins de soixante-quinze à cent francs.

Lorsque le baquet est presque plein , on en verse la partie liquide, soit dans la fosse à purin, si on en possède une, soit sur le fumier, ce qui l'améliore considérablement , soit sur un terrain en labour, soit sur une prairie , en l'étendant, dans ce dernier cas, de 4 à 5 fois son volume d'eau , pour que l'herbe ne soit pas brûlée ; et on dépose la partie solide sous un hangar bien aéré, où elle se dessèche et se transforme en poudrette.

2° On fait éteindre de la chaux grasse [1] dans la moitié de son poids d'eau, ou mieux d'urine; on obtient ainsi de la chaux en poussière [2] qui, dans le dernier cas, contient déjà une certaine quantité de matières fertilisantes. On se sert ensuite de cette poudre de chaux qu'on mélange, à poids égal environ, aux matières fécales solides, provenant du baquet et déposées sous le hangar, qui ne laissent plus échapper d'odeur et sont promptement en état d'être répandues à la main.

C'est là le procédé de M. Mosselmann. Quant à la partie liquide du baquet, il faut toujours

1. Voir l'appendice.

2. La chaux délitée, éventée, n'est plus propre à la confection des mortiers et se vend à bas prix.

en arroser le fumier, ou un terrain en labour, ou un pré, en n'oubliant pas de prendre les précautions que nous avons indiquées.

3° Il y a encore plusieurs autres manières d'opérer, plus ou moins efficaces et plus ou moins compliquées, dont nous ne parlerons pas, leur application ne pouvant avoir lieu avantageusement que lorsqu'il s'agit de traiter de grandes masses de matières fécales ; mais nous allons indiquer un moyen, à la portée de tous, n'ayant rien de répugnant, et réunissant la simplicité à l'économie.

Nous avons vu qu'une personne adulte produit en moyenne, par année, 657 kilogrammes de déjections liquides et solides, mais que les cultivateurs passant une partie du jour hors de la ferme, les 3/4 seulement de ces matières

peuvent être recueillies, soit 500 kilogrammes représentant en volume, environ 500
litres (5 hectolitres), ce qui fait un peu plus
de un litre et un tiers par vingt-quatre heures.

Il s'agit de faire absorber chaque jour ces
matières par un composé de même volume
qui empêchera toute odeur de se développer,
et permettra d'utiliser les déjections liquides
de la même manière que les déjections solides, c'est-à-dire à l'état pulvérulent.

Pour cela, on met pendant l'été à couvert
dix-huit doubles décalitres par personne, de
terre sèche, pulvérisée et criblée, autant que
possible de bonne qualité : curures de fossés,
de cours, terres de jardin, etc. ; on y ajoute
trois doubles décalitres de cendre [1], deux

1. Voir l'appendice.

doubles décalitres de plâtre [1], un double décalitre de poussière de chaux grasse [1] (chaux délitée), et un double décalitre de poussière de charbon [1] ou petite braise, et on brasse bien le tout qui a déjà une certaine valeur fertilisante. On obtient ainsi un mélange de vingt-cinq doubles décalitres (500 litres), quantité égale à celle des matières fécales, pouvant être recueillies, d'une personne adulte travaillant aux champs.

On a le soin d'avoir tout, ou partie de ce mélange près du baquet aux déjections. On lève chaque jour le couvercle et on y répand environ un litre un tiers du mélange par personne. La terre n'est là qu'un absorbant et

1. Voir l'appendice.

un diviseur, mais les cendres, le plâtre, la poussière de chaux et le charbon s'emparent des gaz et empêchent d'ailleurs toute fermentation préjudiciable. Les déjections conservent ainsi toutes leurs qualités fertilisantes.

Lorsque le baquet est plein, on va le verser sous un hangar, s'il n'est pas trop lourd ; dans le cas contraire, le contenu est enlevé avec une pelle (il est nécessaire que le baquet soit plus large à sa partie supérieure qu'à sa partie inférieure) et transporté au moyen d'une brouette. On réunit en tas où ne tarde pas à se développer une légère fermentation. Lorsque la dessication est suffisante, ce qui a ordinairement lieu très-rapidement, on réduit l'engrais en poudre en le foulant aux pieds ou autrement, on en mélange bien toutes les parties et tout est fini. On obtient ainsi, par personne et par année, environ vingt-cinq doubles décalitres [1] d'un excellent compost-poudrette, qu'on peut employer avec toute sûreté de succès, pour n'importe quelle culture, et répandre par toute température, en couverture ou autrement ; vingt-cinq doubles décalitres qui, en comptant la cendre et la poussière de charbon à 40 centimes le double décalitre, le plâtre et la chaux éteinte à 50 centimes, ne reviennent qu'à 3 francs 10 centimes, soit 12 centimes environ le double décalitre, 60 centimes l'hectolitre.

1. Le mélange : terre, cendre, plâtre, chaux, charbon, diminue de volume en s'imprégnant d'urine.

CHAPITRE IV.

QUANTITÉ DE COMPOST-POUDRETTE NÉCESSAIRE A L'HECTARE.

25 doubles décalitres ou 5 hectolitres de compost-poudrette, résultat par année des 3/4 des déjections d'une personne adulte, contiennent 7 kil. 426 d'azote. La poudrette du commerce, lorsqu'elle n'est pas fraudée, en contient 1 kil. 40 pour cent [1]. L'hectolitre de poudrette pèse en moyenne 75 kilogram-

1. De Gasparin, *Principes de l'Agronomie.*

mes. Soit donc 1 kil. 05 d'azote par hectolitre.
Pour égaler la valeur des 5 hectolitres de
compost-poudrette, il faut donc 7 hectolitres
de poudrette non fraudée qui, à 5 fr. l'hectolitre, transport compris, coûtent 35 fr.

Ainsi les 5 hectolitres du compost-poudrette, comparés à la poudrette du commerce, supposée non fraudée, ont une valeur
de 35 francs, plus 3 francs, prix des cendres,
du plâtre, etc., matières dont les qualités
fertilisantes sont connues de tous.

Si on compare nos 5 hectolitres de compost-
poudrette au guano du Pérou, qui contient en
moyenne 13 pour cent d'azote et qui, transport compris, revient à 37 francs les 100 kilogrammes, ils ont une valeur de 21 francs,
plus 3 francs, prix des cendres, du plâtre, etc.

Ainsi comparés à la poudrette du commerce, supposée non fraudée, nos 5 hectolitres de compost-poudrette ont une valeur totale de 38 francs ; et comparés au guano du Pérou, une valeur totale de 24 francs.

Pour fumer convenablement 1 hectare, il est d'usage d'appliquer 25 hectolitres de poudrette ou 12 doubles décalitres 1|2 par 10 ares. Le compost-poudrette ayant une valeur fertilisante de 40 pour cent supérieure, on n'en appliquera que 15 hectolitres. Les 3|4 des déjections d'une personne adulte, pendant une année, traitées comme nous l'avons indiqué, sont donc suffisantes pour fumer 33 ares de terre, sans tenir compte de la valeur fertilisante des cendres, du plâtre et de la chaux qui s'y trouvent mêlés.

1**

D'un autre côté, pour fumer convenablement 1 hectare avec du guano du Pérou, il
est d'usage d'en répandre 350 kilogrammes,
contenant 45 kilogrammes d'azote, et pour
10 ares, 35 kilogrammes, contenant 4 kil. 50
d'azote. Or les 5 hectolitres de compost-poudrette contenant 7 kil. 426 d'azote pourront
fumer tout près de 16 ares de terrain. Si on
objecte que le guano du Pérou contient proportionnellement à son azote, un peu plus de
phosphate de chaux que le compost-poudrette, nous répondrons que les cendres, le
plâtre et la chaux qui en font partie réta-
blissent et au delà la balance.

Comparés à la quantité de poudrette, supposée non fraudée, qu'il est d'usage de répandre pour fumer convenablement, nos

5 hectolitres de compost-poudrette peuvent fumer 33 ares; et comparés à une fumure ordinaire, par le guano du Pérou, ils peuvent fumer 16 ares, soit 24 ares en moyenne. Il en faudra donc 20 hectolitres à l'hectare. Dans ce cas la fumure sera un peu inférieure en azote à celle résultant de l'application de 350 kilogrammes de bon guano du Pérou et un peu supérieure à celle produite par 25 hectolitres de poudrette supposée non fraudée.

La théorie ici est entièrement d'accord avec la pratique. Depuis plusieurs années, nous opérons sur tous terrains et pour toutes sortes de cultures, des fumures avec le compost-poudrette, produit et confectionné à la ferme, à la dose de 20 hectolitres à l'hectare, et nous avons presque toujours obtenu un résultat supérieur à celui que donnent 350 kil. de guano du Pérou ou 25 hectol. de poudrette. En voici peut-être la raison :

Si on répand le guano par un temps chaud, une partie de son azote disparaît ; si on le répand par un grand vent, c'est encore pis ; si on le répand par un temps propice et qu'il soit destiné à nourrir une plante qui doit occuper longtemps le sol, une céréale d'hiver, par exemple, il fait d'abord merveille et souvent défaut l'année suivante, au moment le plus critique ; si on l'applique à une culture de printemps, sur un terrain naturellement sec et que la température soit sèche pendant une partie de l'été, il brûle la plante au lieu de la nourrir. Tous les cultivateurs ont pu faire ces observations. Cela tient à l'état dans lequel se trouvent les parties fertilisantes du guano. Aussi produit-il des effets extraordinaires par une température chaude et humide, ou bien donné aux plantes en arrosages copieux ; mais il est rarement facile et économique de l'administrer sous cette forme.

La poudrette a les mêmes défauts que le guano, mais à un moindre degré.

Avec le compost-poudrette, rien de tout cela n'est à craindre. On n'a à redouter ni le chaud, ni le froid, ni le sec ; il ne brûle point les plantes ; mais, quelle que soit la température, il les conduit jusqu'à leur maturité, en laissant au sol, selon les circonstances, un excédant plus ou moins grand de fertilité. Son effet est plus durable que celui de la poudrette et surtout que celui du guano. Par suite il est moins épuisant. C'est un engrais parfait et il n'en peut être autrement : les déjections humaines, les plus riches de toutes, sauf celles de volailles, sont conservées dans toute leur force, sans aucune déperdition de leurs principes fertilisants, puisqu'elles sont chaque jour absorbées et désinfectées. La terre sèche les absorbe; les cendres, tout en contribuant à leur désinfection et à l'absorption des gaz, leur apportent des sels de potasse [1], de soude [1], des phosphates [1], si utiles à la végétation; le plâtre (sulfate de chaux), dont tout le monde connaît la valeur, fixe, en les transformant en sulfates, leurs sels ammoniacaux volatils [1]; la chaux, aussi appréciée que le

1. Voir l'appendice.

plâtre, contribue à la formation de phosphates [1], tout en agissant comme préservateur. Enfin, le charbon a la propriété d'absorber en proportions considérables tous les gaz odorants, surtout l'ammoniaque [1] et le carbonate d'ammoniaque [1] qu'il ne rend ensuite que lentement aux radicelles des plantes.

1. Voir l'appendice.

CHAPITRE V.

MOYENS D'AUGMENTER LES QUALITÉS FERTILISANTES DU COMPOST-POUDRETTE.

Lorsque le compost-poudrette est réduit à l'état pulvérulent, comme il est dit au chapitre III, on le réunit de nouveau dans le hangar en petits tas, que l'on arrose légèrement tous les huit ou quinze jours avec du purin (jus de fumier) ou de l'urine. Après quelque temps de ce régime, la valeur du compost-poudrette est notablement augmentée et d'autant plus que la terre, qui fait partie du mélange répandu chaque jour dans le baquet aux déjections, est plus calcaire et plus légère.

Le purin ou l'urine qu'on y introduit, apporte bien au compost-poudrette un surcroît de valeur fertilisante, mais non en proportion de celle qu'il gagne, soumis au traitement ci-dessus. Que se passe-t-il ? Il s'y produit des nitrates[1]. Les effets sur les plantes du nitrate de potasse[1], ou salpêtre, sont connus de tous les cultivateurs : sous l'influence de l'humidité et de la chaleur, car plus la température est élevée, plus l'amélioration est assurée, la combinaison de la chaux, des cendres et

1. Voir l'appendice.

des matières animales, produit des nitrates, comme cela a lieu parfois dans les fumiers terreux.

Lorsqu'on n'est pas pressé de répandre le compost-poudrette, nous conseillons de le traiter comme il vient d'être dit. En deux ou trois mois il aura gagné un quart en valeur.

DEUXIÈME PARTIE.

—◦—

CHAPITRE PREMIER.

LES ANIMAUX MORTS
ON N'EN TIRE AUCUN PARTI DANS LES CAMPAGNES.
DANGER ET PERTE.
LEUR VALEUR COMME ENGRAIS.—PRÉPARATION.
LES POILS—LES PLUMES.

Aussi bien que les matières fécales, on néglige dans les campagnes d'utiliser en engrais les animaux qui meurent d'accident, de maladie, de vieillesse, ou qu'on est obligé de faire abattre. Souvent même on les laisse exposés sur le sol jusqu'à ce que les animaux carnassiers les aient dévorés. Il en résulte à la fois perte d'engrais et odeurs infectes et dangereuses.

De plus, les chiens servant à garder les troupeaux vont presque toujours prendre leur part de cette facile proie, et peuvent ensuite, en mordant ou pinçant les animaux confiés à leur garde, leur communiquer des affections charbonneuses, par l'introduction des matières en putréfaction.

Le même accident peut aussi se produire à la suite des piqûres des mouches qui se seraient reposées sur un cadavre en état de décomposition.

Les cultivateurs qui font une fosse et y déposent leurs animaux morts évitent le danger, mais ils n'évitent pas la perte d'engrais.

La plupart d'ailleurs ne savent pas le parti qu'ils peuvent tirer d'un cheval mort, par exemple, et qu'ils ne vendent pas à l'équar-risseur plus de 10 à 15 francs, un peu moins que le prix de la peau.

En voici la valeur [1] :

	fr.	c.	fr.	c.
Crins 100 ou 200 grammes,	»	10	à »	50
Peau 25 à 30 kilogrammes,	13	»	à 18	»
Sang 18 à 20 id.	2	50	à 3	»
Viande pour engrais,	35	»	à 40	»
Tendons pour colle forte,	1	50	à 1	75
Viscères et boyaux,	1	50	à 1	75
Graisse 5 à 25 kilogrammes,	5	»	à 25	»
Fers et clous,	»	20	à »	90
Cornes et sabots,	1	»	à 2	»
Os 45 à 50 kilogrammes,	2	20	à 2	25
	62	»	à 95	15

1. Isidore Pierre, *Chimie agricole*.

La valeur d'un cheval mort est donc de 62 à 95 francs. Il en est de même, et proportionnellement à leur taille, des mules, mulets, bœufs, vaches, ânes, moutons, chèvres, porcs, chiens, etc.

En admettant qu'on ne trouve acheteur que pour la peau d'un animal mort, et qu'on n'ait pas d'autre moyen de tirer parti de tout le reste qu'en le convertissant en engrais, ce reste qui est tout l'animal, la peau exceptée, vaut au moins 40 francs. Le sang et la chair sont d'une grande richesse en azote [1] 3-43 %, à l'état humide [2], et les os en phosphate de chaux.

Voici comment on opère :

On creuse une fosse d'une grandeur pro-

1. Voir l'appendice. — 2. De Gasparin.

portionnelle à la grosseur de l'animal qui doit y être enfoui et dans un terrain naturellement sec. Il ne faudrait pas que les eaux de source, d'infiltration ou de pluie, vinssent séjourner dans la fosse. Cela fait, pour un cheval, bœuf, vache, etc., de taille moyenne, on prépare un composé de :

Chaux grasse éteinte ou poussière de chaux, 5 doubles décalitres.

Plâtre,	2
Cendres,	2
Poussière de charbon,	2
Total,	11 doubles décalitres

que l'on brasse à la pelle, de manière que toutes les parties en soient parfaitement mélangées.

On répand au fond de la fosse une couche

de ce mélange, d'un ou deux centimètres d'épaisseur, mélange dont nous avons déjà décrit les propriétés. La chaux va surtout ici hâter la décomposition, tandis que les autres substances absorberont les gaz à la fois fertilisants et infeetants qui se produiront.

On désarticule l'animal mort et on le coupe en morceaux de deux ou trois kilogrammes chacun. Si le propriétaire a enlevé lui-même la peau, il fera bien aussi cette dernière opération ; dans le cas contraire, il la fera faire, moyennant un surcroît de rétribution peu élevé, par l'équarisseur qui sera venu dépouiller sa bête. On peut faire les morceaux plus gros, mais il faut plus de temps pour que la décomposition ait lieu ; la désinfection n'est pas aussi complète et, par suite, il y a perte d'engrais. On laisse tomber dans la fosse un certain nombre de morceaux, de manière à former une première couche, en ayant soin qu'il n'y ait pas de morceaux les uns sur les autres et, autant que possible, qu'ils ne se touchent pas. Puis on répand sur cette première couche quelques pelletées du mélange, dont on a préalablement garni le fond de la fosse, et on couvre le tout de 5 à 6 centimètres de terre. On met alors une seconde couche de morceaux sur lesquels on répand, comme précédemment, quelques pelletées du mélange, que l'on recouvre encore de 5 à 6 centimètres de terre. On continue ainsi jusqu'à la fin. Puis on finit de combler la fosse, de manière qu'il se trouve sur la dernière couche de chair environ un mètre d'épaisseur de terre, qu'on a soin de terminer en forme de pain de sucre, et que l'on bat afin que les eaux de pluies s'écoulent sans pénétrer dans la fosse. On termine en recouvrant d'épines chargées de pierres, pour empêcher les chiens et autres animaux carnassiers de venir gratter. On laisse les choses dans cet état pendant deux mois ; puis on ouvre la fosse, on rejette le tout au dehors ; la viande n'est plus que du terreau. On le mélange avec la terre qui recouvrait la fosse, après avoir mis les os de côté, et l'on fait un tas que l'on bat bien avec la pelle. S'il y a encore trop de mauvaises odeurs, on y répand un peu de plâtre et tout est fini. Lorsqu'on veut employer l'engrais, on re-coupe le tas que l'on brasse de nouveau. Nous croyons inutile de dire qu'il doit s'y trouver le moins possible de pierres ou de cailloux.

On obtient ainsi un engrais très-puissant pouvant facilement fumer 50 ares de terrain, équivalent à 150 kilogrammes de guano du Pérou et qui ne coûte rien, que le prix des matières composant le mélange, soit 5 à 6 fr. Ces substances d'ailleurs, le charbon excepté, augmentent la valeur de l'engrais.

Lorsqu'on peut le recueillir, on stratifie dans la fosse le sang avec les chairs.

On doit avoir dans chaque exploitation un lieu où ne puissent pénétrer les animaux carnassiers : fosse murée avec porte ou grille, caveau, ou autre lieu où l'air doit librement circuler, pour convertir en engrais les petits animaux qui meurent à la ferme : volailles, agneaux, moutons mêmes, etc., car il serait trop coûteux de creuser chaque fois une fosse pour d'aussi petits animaux qui, si on les laisse à fleur de terre, sont enlevés par les chats ou les chiens. De plus, après l'opération, l'extraction de l'engrais de la fosse nécessiterait l'enlèvement d'une masse de terre relativement considérable, et conséquemment une dépense hors de proportion avec la valeur de l'engrais obtenu.

Nous avons dit que les os contenaient une grande quantité de phosphates [1], la moitié environ de leur poids lorsqu'ils sont frais. Mais on ne peut les appliquer avec fruit à la terre dans leur état naturel. Il faut : ou les briser en très-minces parcelles (plus ils sont

1. Voir l'appendice.

pulvérisés, mieux cela vaut : on obtient ce résultat en les frappant avec une masse, lorsqu'ils ont été préalablement un peu calcinés au four, ce qui en facilite le cassage), ou les traiter par l'acide sulfurique de la manière que voici, après les avoir grossièrement cassés :

On prend un poids d'acide sulfurique [1], moitié environ de celui des os. On étend l'acide de deux fois son poids d'eau ; on met les os dans des vases de terre, on verse l'acide dessus et l'on remue dix à quinze fois en 24 heures pendant deux ou trois jours. On obtient ainsi une pâte liquide à laquelle on ajoute vingt-cinq ou trente fois son volume d'eau, si on veut s'en servir en arrosages ; ou qu'on fait absorber par un mélange sem—

1. Voir l'appendice.

2*

blable à celui que nous avons indiqué pour le traitement des matières fécales (on peut même plus simplement se servir de terre sèche seule), si on veut avoir un engrais qui puisse être répandu à la main. On obtient ainsi, grâce à l'acide sulfurique d'os qui étaient presque insolubles avant leur contact avec l'acide, un phosphate soluble dans l'eau que l'on appelle superphosphate [1].

Le superphosphate, fourni par les os d'un cheval ou de tout autre gros animal, est suffisant pour fertiliser environ 15 ares de terre, mais c'est un engrais tout minéral qui n'apporte au sol aucunes matières organiques ; le sol d'abord doit donc être pourvu de ces dernières (fumier d'écurie, fiente de volailles,

1. Voir l'appendice.

matières fécales, chair en poudre, etc.).

Appliqué aux navets, le superphosphate produit des résultats extraordinaires. Il est aussi fort utile aux céréales, puisque les cendres des grains de froment, par exemple, contiennent moitié de leur poids d'acide phosphorique, acide qui, dans les os des animaux, se trouve à l'état de phosphates.

Les poils, les plumes sont aussi d'excellents engrais, généralement perdus dans les campagnes.

Les poils contiennent 13-78 pour cent d'azote [1] et les plumes 15-34 pour cent.

Les cultivateurs qui font tondre leurs chevaux obtiennent une certaine quantité de poils. Les plumes de quelques volailles : canards, dindes, pintades, poules même quel-

1. Voir l'appendice.

quefois, qui sont abandonnées au vent, doivent être recueillies avec soin.

L'action de ces substances est lente, mais très-favorable aux végétaux. Comme on n'en recueille jamais à la ferme de grandes quantités à la fois, le mieux est de les mêler aux fumiers dont elles augmentent la richesse. Le cultivateur qui voudrait appliquer ces substances seules, devrait, en raison de leur grande légèreté, ne les conduire sur le terrain que par un temps brumeux et calme et les recouvrir immédiatement.

Les plumes sont employées en Alsace pour fumure, à raison de 37 hectolitres en moyenne par hectare, soit : 3 hectolitres 70 par 10 ares et un peu moins de deux doubles décalitres par are.

CHAPITRE II.

**LE PURIN QUI S'ÉCOULE DES ÉCURIES
ET DU TAS DE FUMIER.
LES GAZ FERTILISANTS QUI S'ÉCHAPPENT
DES FUMIERS DE FERME.**

Dans la plupart des fermes, les urines des animaux non absorbées par les litières, viennent former des cloaques aux portes des écuries, et si elles sont très-abondantes, sortent de la cour.

Dans ces mêmes exploitations, on n'a pas plus de soin du liquide qui s'écoule du tas de fumier. Ce jus de fumier ou purin reste à croupir aux environs du tas. Urines et purin sont desséchés, évaporés par le vent et le soleil. Les pluies emportent le reste.

Le cultivateur ne sait pas combien de cette manière il perd d'engrais chaque année.

Un cheval donne en 24 heures, suivant MM. Boussingault,   4 kil. 323 d'urine.
          Valentin,   5   »
                                    ____

          Moyenne,   4 kil. 661 d'urine

Soit par an 1,700 kilogrammes (environ 17 hectolitres) contenant 2 kil. 61 pour cent d'azote [1], ce qui donne pour une année 44 kil. 370 d'azote.

1. De Gasparin. — Voir l'appendice.

Une vache produit en 24 heures, d'après MM. Boussingault et Johnston :

Boussingault,	12 kil. 013 d'urine.
Johnston,	10 930
Moyenne ,	11 kil. 466 d'urine.

Soit par an 7,183 kil. (environ 42 hectolitres) contenant 1 kil. 08 pour cent d'azote [1]. Soit un produit annuel en azote de 45 kil. 198.

Un porc du poids moyen de 91 kilogrammes, recevant la nourriture aqueuse fournie habituellement aux porcs, produit en 24 heures 10 kil. 35 d'urine et par année 3,780 kil. contenant 0 kil. 23 d'azote. Soit par an 8 kil. 694 d'azote.

Examinons maintenant ce qui se passe,

1. Boussingault. — Voir l'appendice.

par exemple, dans une ferme de grandeur moyenne où l'on entretient toute l'année 4 bœufs ou 3 chevaux, 2 vaches et 3 porcs.

Dans leurs urines, ces animaux donnent par année :

Les 3 chevaux,	133 kil.	110 azote.
Les 2 vaches,	90	396
Les 3 porcs,	26	82
Total,	249 kil.	588 azote.

Nous croyons être très-modérés en admettant que dans les fermes où il n'y a pas de fosses pour recevoir les urines et le purin qui s'échappe du tas de fumier, il y a chaque année, par le fait de cette absence de fosse, une perte de 1[5 de ces précieux liquides, soit 50 kil. d'azote : c'est-à-dire la quantité d'azote nécessaire pour fertiliser près de

1 hectare 20 ares de terre. En argent, c'est une perte annuelle de 125 francs.

La plupart des cultivateurs ne peuvent se figurer cela. Ils ne songent pas que les petits filets ou suintements d'urines et du purin qui s'échappent de leurs écuries et de leurs tas de fumier s'en échappent toute l'année, aux dépens de leur bourse. La litière, malgré son abondance, n'absorbe presque jamais toutes les urines, surtout à l'époque où les animaux sont mis au vert.

Sans entrer ici dans des détails sur la confection des fumiers, si mal confectionnés presque partout, ce qui sortirait du cercle que nous nous sommes tracé, nous dirons que le tas de fumier doit être établi sur un terrain un peu plus élevé que le sol de la cour (pour éviter l'approche des eaux de pluie), battu et imperméable, recouvert autant que possible d'une couche de béton et assez en pente pour que le purin qui s'écoule de toutes les parties du tas se rende dans une fosse, dite fosse à purin, établie au bas de la pente, construite à mortier de chaux hydraulique, d'une grandeur proportionnelle à la quantité de liquide qu'elle doit contenir, recouverte de madriers ou entourée d'une muraille à hauteur d'appui. Cette fosse doit aussi recevoir les urines non absorbées par les litières que des canaux, autant que possible en ligne droite, pour éviter les obstructions, doivent y amener des écuries, dont le sol, comme celui de la fosse à fumier, doit être recouvert d'une couche de béton. On se sert de ce riche liquide pour arroser le tas de fumier. Si le purin est trop abondant, on en porte une partie sur le pré ou sur le terrain le plus voisin en ayant soin de prendre les précautions que nous avons indiquées chapitre III, première partie.

Si le tas de fumier est placé trop loin des écuries, des loges à porcs, etc., il faut avoir, soit dans les écuries mêmes, soit en dehors des portes, de petites fosses recouvertes de madriers où se rendent les urines et dont on porte le contenu dans la fosse du tas de fumier. De temps à autre il est bon de jeter un peu de plâtre [1] ou de sulfate de fer [1] dans le purin, ce qui empêche qu'il ne se putréfie et par suite le dégagement de son azote [1].

Enfin, si le cultivateur ne peut ou ne veut

1. Voir l'appendice.

pas faire la dépense d'un bétonnage sous son fumier et sous ses animaux et celle de la construction d'une fosse à purin, il doit, au moins, s'arranger de manière à faire absorber urines et purin par de la terre sèche, en en plaçant une couche de 15 à 20 centimètres d'épaisseur sous son tas de fumier, chaque fois qu'il l'établit à nouveau, et en en mettant tous les jours une certaine quantité sous la litière insuffisante de ses bestiaux ou en arrière de cette litière, si le sol est devenu imperméable par le piétinement, et dans l'endroit où coule l'urine de ses porcs. Cette terre-engrais est enlevée avec le fumier et portée sur le tas où, bien étendue, elle s'enrichit encore des principes fertilisants volatiles que développe la fermentation (et qui iraient s'unir à l'atmosphère), en même temps que, par sa nature, elle modère cette même fermentation.

Les gaz fertilisants qui s'échappent des fumiers de ferme.

L'azote[1] qui, durant la fermentation, va s'unir à l'atmosphère dans les fumiers mal établis et mal soignés, ne s'élève pas à moins de 50 et même de 65 pour cent, d'après les expériences de MM. Gazzeri, de Florence, Kœrte, professeur à l'Académie de Moëglin (Prusse) et Payen. D'après M. de Gasparin, le fumier de Grignon[2], qui est fait avec soin, contient

1. Voir l'appendice.

2. Magnifique ferme (Seine-et-Oise). École impériale d'Agriculture au compte de l'État.

0 kil. 72 pour cent azote, pris dans un état moyen de siccité et composé de paille et de déjections mélangées des animaux de l'exploitation. Combien y a-t-il de fermes en France où les fumiers sont préparés comme à Grignon ? Pas une sur cent ; mais admettons ce chiffre. Dans les quatre-vingt-dix-neuf centièmes des exploitations, il se perd donc chaque année, azote 0 kil. 37 par 100 kilogrammes de fumier, et comme, lorsqu'il est conduit aux champs, le mètre cube pèse moyennement 450 kilogrammes, la perte par mètre cube est de 1 kil. 66 azote, et en argent, au prix de l'azote du guano du Pérou (2 fr. 50 le kilo), la perte est de 4 fr. 15 c. Quatre francs de perdus par mètre cube de fumier dans quatre-vingt-dix-neuf fermes sur cent ! Qui fera

entrer cette vérité dans l'esprit des cultivateurs? Si on trouve que nous exagérons, qu'on
diminue nos chiffres de moitié et qu'on fasse
le compte de l'argent ainsi jeté au vent chaque année : dans la ferme où l'on fait 50 mètres
cubes de fumier, c'est 100 francs de perdus :
dans celle où on fait 100, c'est 200 francs, etc.
Qu'on applique ces résultats à la France entière ou à peu près, et on sera épouvanté des
montagnes, non pas de millions, mais de centaines de millions qu'on verra s'élever. La
plupart des fermiers perdent ainsi, tous les
ans, l'argent nécessaire à payer du quart à la
moitié de leurs fermages et quelquefois plus.
Les personnes qui n'ont ancune notion de
chimie ne peuvent comprendre que les va-
peurs, plus ou moins apparentes et odorantes,

qui s'élèvent des tas de fumiers en contiennent les parties les plus riches. Nous conseillons aux incrédules l'expérience faite par Davy et souvent répétée depuis. Davy fit pénétrer sous les racines d'une petite planche de gazon le bec d'une cornue remplie de fumier. Au bout de peu de jours, le gazon dont les racines se trouvaient dans le voisinage de la cornue, montra une végétation remarquable et bien supérieure à celle du reste de la planche.

Ce n'est pas tout, nous venons de dire quelle perte éprouve le cultivateur dans son fumier en tas ; il faut ajouter celle qu'il subit dans ce même fumier conduit aux champs, lorsqu'il est laissé des jours, des semaines et même des mois, au vent, au soleil et à la pluie, en petits monceaux, sur le terrain qu'il est destiné à fertiliser. Là encore la perte est énorme.

Le cadre que nous nous sommes tracé ne nous permet pas de traiter ici[1], dans tous ses développements, l'importante question du fumier de ferme[1] si mal préparé, nous le répétons, dans la plupart des exploitations, où il perd les deux tiers de sa richesse en principes fertilisants volatiles, sa production; sa valeur, selon les animaux, leur nourriture; la nature et la quantité des litières; sa confection rationnelle et économique, son application, etc. Nous nous bornerons à dire que chaque couche de fumier d'un pied au plus d'épaisseur, établie sur le tas, doit être, quelle que soit la température, abondamment

1. En préparation : *le Fumier de ferme*, par N. Delagarde.

2**

arrosée avec du purin, si on en possède , et on en possède lorsqu'on le veut bien , sinon avec de l'eau corrompue, autant que possible. Eau et purin doivent contenir un peu de sulfate de fer (couperose verte) en dissolution , dans la proportion d'environ 750 grammes par mètre cube, à arroser. Ensuite on tasse bien le tout, et on y jette un peu de terre , boue, fumier, terreau de cour, etc., qui, tout en empêchant les poules d'y aller gratter , s'empare de l'ammoniaque[1] qui pourrait encore s'échapper.

On peut aussi, pour fixer l'ammoniaque[1], se

---

[1]. Voir l'appendice. — Les plantes n'absorbent pas l'azote dans son état de pureté. Dans cet état il n'est pas soluble, elles ne peuvent s'en nourrir que lorsqu'il est uni à l'hydrogène, c'est-à-dire à l'état d'ammoniaque.

servir de plâtre (sulfate de chaux). C'est à peu près la méthode que nous employons dans notre ferme ; et, comme les cultivateurs aiment les choses pratiques, nous allons en dire quelques mots.

Nous formons un mélange de 2/5 plâtre cru pulvérisé, 2/5 cendres et 1/5 poussière de charbon ou braisette. Tous les jours, avant de donner la litière, on répand dans les écuries un litre de ce mélange sous chaque grosse bête, particulièrement sur ses déjections. La même opération a lieu dans la bergerie, on y répand 1 litre du mélange par huit bêtes, pendant que le troupeau est au pâturage.

Le tas de fumier est commencé sur la partie de l'emplacement la plus rapprochée des

écuries. On établit une couche sur une surface d'une grandeur proportionnelle à la
quantité de fumier dont on dispose, qui
commence au ras du sol, du côté d'où vient
le fumier, et s'élève en s'éloignant d'environ
20 centimètres par mètre. Lorsque cette
partie du tas de fumier est achevée, on en
commence une autre immédiatement après,
et gens et brouettes passent sur la première
partie toutes les fois que le fumier est enlevé
des écuries. On continue ainsi toutes les
semaines, et le tas s'allonge et s'élève en
même temps. Le fumier, piétiné et serré par
le passage des hommes et des brouettes, ne
laisse à peu près rien perdre de ses gaz fertilisants, aucune odeur ne s'en dégage. Lors
de la confection, chaque couche de 25 à 30

centimètres d'épaisseur est abondamment arrosée avec du purin (mélange d'urine, de jus de fumier et d'eau), puis saupoudrée avec le composé que nous avons indiqué, à raison de 1 litre par mètre carré de surface, et enfin recouverte d'un centimètre d'épaisseur de terre, terre amenée autour de la place au fumier en temps convenable, qu'on jette dessus à la pelle. Lorsqu'une partie du tas est entièrement terminée, on la recouvre d'environ 8 centimètres de terre.

Par ce procédé nous obtenons une fermentation lente qui ne se trahit par aucun dégagement de gaz, gaz fixés d'ailleurs par le plâtre et absorbés par la poussière de charbon et la terre, laquelle s'enrichit tellement mêlée au fumier, qu'elle vaut le fumier lui-même. Nous sommes cent fois dédommagés de la dépense occasionnée par le transport de la terre au pied du fumier, qui, au total, entre dans sa confection dans la proportion de 1 mètre cube de terre par 15 à 20 mètres cubes de fumier. Cette méthode nous rend les plus grands services, parce que nous ne conduisons nos fumiers aux champs que deux fois l'année, l'hiver par les gelées et en juin [1]; mais elle n'offrirait plus les mêmes avantages dans un système de culture qui exigerait des fumiers rapidement confectionnés. Dans ce cas, il faudrait se borner à plâtrer et à arroser et moins comprimer. C'est aux cultivateurs à faire acte d'intelligence. Telle méthode, tel

[1]. Voir *Les cultures en lignes et les doubles récoltes*, par N. Delagarde.

procédé, tel genre de culture qui, dans certaines conditions, amène le succès, produit dans d'autres une inévitable ruine.

Lorsque le fumier est rendu sur le terrain qu'il doit fertiliser, il est nécessaire de le répandre de suite, le plus également possible, dans l'état de division le plus complet et de le mêler, sur l'heure, à la terre ; et si quelque cause s'oppose au mélange immédiat, à l'enfouissement, de le plâtrer, surtout lorsqu'il a été mal confectionné, à raison de 500 kilos à l'hectare, comme si on plâtrait un champ de trèfle [1].

1. En préparation : *le Fumier de ferme*, par N. Delagarde.

CHAPITRE III.

LES EAUX AYANT SERVI AU LAVAGE DES LAINES.
LES EAUX DE ROUISSAGE DU CHANVRE
ET DU LIN.
EAUX DE FÉCULERIES ET DE DISTILLERIES, ETC.

Eaux ayant servi au lavage des laines.

Ces eaux ne sont jamais utilisées, ou si elles le sont, c'est par accident. C'est bien à tort cependant que le cultivateur ne s'en inquiète pas.

La laine est fort riche en azote [1], 17 à 18 pour 100. Tous les cultivateurs savent que la laine qui vient d'être séparée du corps des bêtes ovines pèse en moyenne le double de ce qu'elle pèsera lorsqu'elle aura été lavée. Ainsi 100 kilogrammes de laine à l'état brut n'en pèseront plus que 50 après le lavage. De quelles substances sont composés les 50 kilog. restés dans l'eau ?

D'environ 30 kilogr.   de suint [2] ;

id.   5   id.   de débris de laine.

id.   16   id.   de parcelles de fumier et de matières terreuses, surtout si le troupeau parque.

---

1. Voir l'appendice.

2. Le suint contient de l'azote et de la potasse, etc. Voir l'appendice.

Les 30 kil. de suint contiennent à 10 0/0 d'azote   3 kil.   » azote.

Les 4 kil. de laine à 17 50 0/0 d'azote.   »   70 —

Les 16 kil. de parcelles de fumier à 0–91 d'azote   »   145 —

Total azote   3   845 , qui à 2 fr. 50, prix de l'azote du guano du Pérou = 9 francs 61.

Ainsi , en négligeant d'utiliser l'eau ayant servi au lavage de 100 kilos de laine, on perd 3 kil. 845 d'azote, quantité presque suffisante pour fertiliser 10 ares de terre, et ayant en argent une valeur de 9 francs 61 centimes.

Pour tirer parti de cette richesse perdue, au lieu d'aller laver la laine au cours d'eau voisin, ce qui a lieu le plus souvent, on établit une ou plusieurs cuves sur le tas de fumier , et l'on effectue le lavage, en ayant soin de répandre l'eau imprégnée de suint et autres matières uniformément sur toute la surface du tas de fumier. On vide les cuves et on les remplit d'eau nouvelle, autant de fois que besoin est. On se procure ainsi une quantité de substance fertilisante proportionnelle à la masse de laine dont on dispose, et cela gratis, parce que la main-d'œuvre nécessaire pour remplir et vider les cuves n'égale pas généralement la dépense qu'il faut faire pour transporter la laine au ruisseau voisin et l'en ramener [1].

1. On pourrait se borner à opérer le premier lavage de la laine sur le fumier et terminer l'opération au cours d'eau voisin.

Si l'on avait à opérer le lavage de grandes quantités de laines, on pourrait se servir des eaux du lavage pour irriguer, et, si les circonstances ne le permettaient, les transporter sur les terres au moyen d'un tonneau à purin, comme on transporte les engrais liquides.

Eaux de rouissage du chanvre et du lin.

Ces eaux, partout perdues, produisant des émanations si préjudiciables à la santé et allant infecter les ruisseaux, ont des propriétés fertilisantes qui devraient engager les cultivateurs à les utiliser en arrosages ou en irrigations.

Monsieur Kane, après avoir évaporé les

eaux de rouissage du lin et celles de rouissage du chanvre, a obtenu des résidus ou extraits, contenant :

Celui qui provenait de l'eau de rouissage du lin, 2-24 pour cent d'azote [1], et celui qui était fourni par l'eau de rouissage du chanvre, 3-28 pour cent de la même substance.

Comme les routoirs sont ordinairement placés le long des prés, il est facile d'employer leurs eaux en irrigations, si le niveau le permet, ou en arrosage, dans le cas contraire. On pourrait aussi s'en servir pour arroser les fumiers, mais il est rare que les circonstances permettent de le faire économiquement. Dans le cas cependant où on les uti-

1. Voir l'appendice.

liserait de cette manière, il est indispensable que le purin qui s'écoulera du fumier pendant et après l'arrosage soit recueilli, et pour cela il n'y a qu'un moyen, c'est d'avoir, au bas du tas de fumier, la fosse à purin que nous avons conseillée et décrite en parlant des urines et du purin. Cette observation s'applique également à l'arrosage des fumiers par les eaux provenant du lavage des laines.

Eaux de féculeries et de distilleries.

Nous en dirons peu de chose ; ces eaux sont maintenant généralement utilisées en irrigations, là où il y a des féculeries et des distilleries agricoles. ce qui est malheureusement encore bien rare dans nos campagnes. Ces eaux ont une valeur fertilisante qui n'est pas à dédaigner; mais en raison de leur abondance, elles ne peuvent être employées qu'en irrigations, après avoir séjourné dans un ou plusieurs bassins, où elles déposent les parties solides qu'elles tiennent en suspension. Ces dépôts enlevés des bassins et séchés à l'air contiennent :

Ceux provenant des eaux de féculeries, 1 k. 54 pour 100 d'azote [1].

Ceux, des vinasses, de distilleries, 2 k. 50 p. 100 d'azote.

1. Isidore Pierre, *Chimie agricole.* —Voir l'appendice.

CHAPITRE IV.

EAUX DE PLUIE. — CE QU'ON PERD EN LEUR LAISSANT, SANS LES UTILISER, LAVER LES COURS, LES CHEMINS ET LES TERRES. LEUR EMPLOI ÉCONOMIQUE. — EAUX DES RUISSEAUX, ETC.

Eaux de pluie.

Elles contiennent des nitrates [1] et de l'am-moniaque [1], parfois en très-grande proportion. M. Barral a constaté, dans des expérien-

1. Voir l'appendice.

ces pleines d'intérêt, qu'un hectare de terre des environs de Paris, avait reçu par les pluies, en une année, la quantité énorme de 65 kilogrammes d'acide nitrique[1]. La neige qui n'est que de la pluie congelée, en contient ordinairement encore plus que la pluie. Le maximum d'acide nitrique, constaté à Paris, dans les eaux des pluies des mois de janvier, février et mars 1858, ne dépassait pas 2 millig. 11 par litre, tandis que dans la neige, le maximum d'acide nitrique s'élevait, en février, à 4 milligrammes. Au commencement de la pluie, l'acide nitrique est toujours en plus grande proportion qu'à la fin. Les brouillards et les rosées en contiennent également

____

[1]. Voir l'appendice.

en notable quantité. — Les eaux de pluies contiennent aussi de l'ammoniaque[1]. Sa présence a été constatée d'une manière irrécusable par MM. Boussingault, Bineau, Martin, Barral, etc. La neige, les brouillards en contiennent aussi. De même que l'acide nitrique, l'ammoniaque est en plus grande proportion au commencement de la pluie. M. Bineau en a trouvé jusqu'à 60 et 65 milligrammes par litre dans de l'eau provenant de glace prise sur le bord d'un toit. L'air contient de l'ammoniaque en plus ou moins grande proportion. Il résulte des expériences de M. Barral, que les pluies apportent, en moyenne, chaque année à la terre 21 kilogrammes d'azote par hectare. Les brouillards et les rosées vien-

1. Voir l'appendice.

nent encore augmenter cette quantité. Enfin,
le même savant a reconnu, dans les eaux qui
tombent aux environs de Paris, la présence
des phosphates [1], et tout porte à croire que
Paris n'a pas seul ce privilége.

Jusqu'à un certain point, ces faits expli-
quent le système des jachères, où l'on fait
produire indéfiniment des récoltes sans engrais, en laissant la terre alternativement en
repos ; pendant ce repos, les pluies fournissent au sol les engrais nécessaires pour lui
faire produire une nouvelle récolte.

Voilà donc la richesse en engrais des eaux
de pluies parfaitement constatée. Cependant
qu'en font les cultivateurs, de ces eaux dans
bien des fermes ? Non-seulement on ne cher-

1. Voir l'appendice.

che pas à en tirer partie, mais on les laisse laver la cour de l'exploitation, laver et creuser les chemins, dissolvant et entraînant tous les engrais qu'elles trouvent sur leur passage. Le même déplorable résultat se produit sur les guérets, où l'on n'a pas le soin de tracer des rigoles pour l'écoulement tranquille des eaux, comme on le fait ordinairement sur les terres ensemencées. C'est surtout dans les terrains en pente ou à sous-sol imperméable que les eaux nettoyent, lavent, ravinent les guérets. Tout ce que la surface de ces terres contient d'engrais, de fragments de végétaux, etc., est entraîné sur le chemin voisin ou dans les fossés, puis au ruisseau et enfin à la rivière. On ne peut se figurer quel appauvrissement éprouvent ainsi les terres et, par suite, ce que perd le cultivateur. Une fumure entière, ou son équivalent en substances solubles formées dans le sol, parfois y passe. Après chaque labour opéré sur ces sortes de terre, des rigoles d'écoulement, à faibles pentes, doivent toujours y être exécutées et cela sans désemparer. C'est l'affaire de quelques instants, puisqu'on tient la charrue et que les animaux y sont attelés.

Quant à la perte provenant du lavage de la cour de la ferme et des chemins, elle est facile à apprécier; on peut admettre, sans exagération, que les animaux de rente et de travail, dans 999 fermes sur 1,000, passent, pour boire, pour aller au pâturage ou au travail, pour en revenir, pour être attelés, pour faire les charrois, qui ont la ferme

3*

pour point de départ ou d'arrivée, passent, disons-nous, en moyenne, pendant toute l'année, chaque jour une heure dans la cour ou sur les chemins environnants. La vingt-quatrième partie de leurs déjections doit donc ainsi tomber sur la cour ou sur les chemins qui y conduisent. Mais cette proportion est plus considérable, parce que les animaux se vident plus abondamment en sortant de l'écurie ou après quelques instants de marche. Néanmoins bornons-nous à la vingt-quatrième partie, c'est déjà bien assez. Si on nous objecte que dans la plupart des fermes, la cour est garnie l'hiver de chaume, bruyère, fougères, etc., nous répondrons que cela n'a, en effet, lieu que l'hiver; que, d'ailleurs, les végétaux répandus sur la cour ne peuvent

empêcher l'eau de dissoudre les engrais et
d'en entraîner les parties solubles, c'est-à-
dire les plus précieuses ; que de plus, lorsque
les végétaux qui garnissent la cour ont été
brisés sous les pieds et sous les roues, ils
sont eux-mêmes entraînés par l'eau, du
moins leurs parties les plus ténues, les feuilles de bruyère, par exemple, qui sont la
portion la plus riche en azote [1] de ce végétal ;
qu'enfin les chemins, eux, restent à nu toute
l'année. Le cultivateur qui n'utilise pas les
eaux de sa cour et de ses chemins, perd donc
ainsi : d'abord l'engrais de ces eaux, qui n'est
pas à dédaigner ; puis une grande quantité
d'engrais, provenant de ses animaux, qui

[1]. Voir l'appendice.

peut varier entre 1,20e et 1,30e de leurs déjections. Nous ne pensons pas qu'il soit nécessaire de convertir cette perte en argent ; pour en faire sentir toute l'importance , nous en dirons cependant un mot.

Dans ses principes de l'agronomie , M. le comte de Gasparin donne les proportions suivantes d'azote pour cent dans les excréments complets des animaux de la ferme :

Cheval,	0,74 azote 0/0.
Espèce bovine ,	0,41
Espèce ovine ,	0,91
Espèce porcine,	0,37

Puis il établit , d'après la statistique de l'époque, la quantité d'azote fournie , tous les ans , par chaque catégorie :

Chevaux,	57,319,810 kil. d'azote.
Espèce bovine,	208,527,100
Espèce ovine,	68,569,690
Espèce porcine,	42,617,865
Total,	377,034,465 kilogram-

mes d'azote, dont la vingt-quatrième partie est de 15,709,769, qui, à 2 fr. 50, prix de l'azote du guano du Pérou, donnent plus de 39 millions de francs, qu'il faudrait, pour être juste, élever à 50 millions, parce que le nombre des animaux a depuis fort augmenté et qu'il n'est pas ici question des phosphates et autres substances contenues dans les excréments, substances qui, tout en étant d'un prix moins élevé que l'azote, représentent cependant, en argent, plusieurs millions. Mais, comme d'un autre côté, une partie de l'azote des urines qui tombent sur les cours et sur les chemins, pénètre assez profondément dans le sol pour que les pluies ne puissent l'entraîner, et qu'une autre partie est enlevée par l'évaporation, nous conserverons le chiffre de 39 millions. Quant aux excréments solides, dissous ou desséchés, aussitôt après leur chute, ils ne peuvent entrer en fermentation, et ne laissent échapper qu'une très-minime partie de leur azote. Il se perd donc, chaque année, en France, pour environ quarante millions de francs d'engrais, emportés par les eaux des cours de ferme et des chemins. Si on trouve nos chiffres trop élevés, qu'on les diminue d'un quart, d'un tiers même, il restera encore une perte nette de 25 à 30 millions. Dans les fermes de moyenne grandeur, il se perd ainsi une somme, qui varie de 40 à 100 francs et parfois davantage. Nous savons qu'il est des exploitations, où l'on sait tirer parti de tout, où tout est prévu, mais ces fermes-là sont, malheureusement, en bien petit nombre, et il est des contrées entières où il n'en existe pas une.

Pour tirer tout le parti possible des eaux qui tombent sur la cour, sur les chemins, sur les terrains et des engrais qu'elles entraînent, il est nécessaire d'avoir un ou plusieurs réservoirs placés de manière que leur contenu puisse, par la seule différence de niveau, être déversé sur une étendue de prairie proportionnelle à la surface de la cour de la ferme, à celle des chemins qui y conduisent, et, enfin, à celle des terres qui laissent couler une plus ou moins grande quantité d'eau. Qu'on ne s'imagine pas pouvoir éviter le réservoir, on le tenterait en vain. L'eau arriverait en trop faible quantité, serait absorbée par les rigoles, ou y croupirait et ne donnerait aucun bon résultat. Le réservoir, plus ou moins grand, est absolument nécessaire, parce que, quelle que soit la pente de la prairie, l'eau étant versée par forte masse, remplit les rigoles et coule sur toutes les parties du gazon ; elle coule et ne séjourne pas, là est la première condition du succès. Puis l'eau s'améliore considérablement dans le réservoir ; nous en dirons quelques mots. Il ne nous est pas possible, on le comprendra, d'indiquer d'une manière quelque peu rigoureuse, le rapport qui doit exister entre la surface de la cour, des chemins , des terres de l'exploitation , laissant couler plus ou moins d'eau , et l'étendue de la prairie qui doit être arrosée. Cependant, en général , on peut admettre que les eaux d'une cour de ferme peuvent toujours fertiliser, au moins, une surface de prairie triple de celle de la cour, les eaux des chemins une surface égale à leur étendue et les eaux des terrains cultivés une surface qui peut varier entre $1/5^e$ et $1/40^e$ de leur grandeur; cela dépend de la plus ou moins grande quantité d'eau qu'ils laissent écouler, de leur nature et de leur fertilité. Lorsqu'il sera possible de réunir les eaux de la cour, des chemins et des terres dans un même réservoir, il ne faudra pas négliger de le faire. Pour réunir les eaux dans un ou plusieurs réservoirs, voici comment il faut opérer : si le sous-sol est imperméable, et gît à une faible profondeur, il suffira d'y creuser des rigoles ou fossés, à bords très-inclinés (très-couchés), qui, de tous les points où les eaux se réunissent, les conduiront au réservoir ; si le sous-sol n'est pas imperméable ou s'il n'a cette qualité, ou ce défaut qu'à une trop grande profondeur, on se servira de tuyaux de drainage, dont le diamètre intérieur ne devra jamais être moindre de 7 ou 8 centimètres, reliés entre eux par du mortier de chaux hydraulique. Pour éviter les ensablements et les obstructions de toute nature qui ne manqueraient pas de se produire dans chaque tuyau, les eaux, d'où qu'elles viennent, seront d'abord réunies dans de petits bassins, d'une capacité proportionnelle à la masse des matières qu'elles entraînent ordinairement avec elles. Ces petits bassins, si le sous-sol n'est pas imperméable, seront construits en pierres résistant à la gelée, reliées entre elles avec du mortier de chaux hydraulique. Dans la plupart des cas, il sera suffisant de leur donner une surface de 60 centimètres à 1 mètre carré, sur 40 à 50 centimètres de profondeur. Les petits murs de ces bassins seront extérieurement garnis de terre et recouverts de gazon. Ces réservoirs en miniature ne sont destinés qu'à recevoir et à retenir les immondices de toute sorte, entraînées par les eaux pendant les fortes averses, et qui obstrueraient promptement les tuyaux, lesquels doivent avoir la partie inférieure de leurs orifices à 20 centimètres environ au-dessus du fond des petits bassins. Ces orifices, établis en construisant les bassins, devront être très-larges, pour que, tout en étant garnis soit d'une grille très-serrée, soit d'un paquet d'épines ou de bruyère mâle fréquemment renouvelé, l'eau puisse facilement s'introduire dans les tuyaux. Les dépôts laissés par les eaux au fond des petits bassins devront être souvent enlevés, autrement ils monteraient bientôt à la hauteur des orifices des tuyaux et les fermeraient.

Avant de nous occuper du réservoir, disons un mot du pré, grand ou petit, sur lequel seront versées les eaux. Il y a des terres particulièrement favorables à la production de l'herbe, mais l'herbe vient partout avec de l'engrais et surtout de l'engrais donné avec de l'eau. Nous ne pouvons entrer ici dans la description de la création d'une prairie à irrigation, nous nous bornerons à dire que celle qui nous occupe devra être placée de manière à recevoir le plus d'eau possible, que sa surface devra être parfaitement unie, inclinée d'au moins 3 centimètres par mètre, que les rigoles devront être presque horizontales, tracées perpendiculairement à sa pente, et que l'eau ne devra être donnée qu'après un gazonnement complet.

Pour maintenir ce pré à un haut degré de fertilité, il devra recevoir chaque année, en plusieurs fois, sur toute sa surface, une couche d'eau qui peut varier entre 25 centimètres et 3 mètres d'épaisseur, il ne faudra que fort peu d'eau venant de la cour de la ferme, tandis que pour obtenir le même résultat avec des eaux provenant de terrains peu fertiles, une quantité 10 à 12 fois plus considérable sera nécessaire. Le réservoir devra être établi sur le point le plus élevé, et de manière que son fond soit à un niveau un peu supérieur à la plus haute partie du pré à arroser. Si le terrain n'est pas imperméable, la construction devra être faite avec les matériaux que nous avons indiqués pour les petits bassins et en prenant les mêmes précautions. La capacité du réservoir devra être telle qu'il puisse contenir, au minimum, l'eau nécessaire à irriguer, chaque fois qu'il se videra, la dixième partie au moins du pré. Ainsi, en supposant un pré de 50 ares (il y a bien peu de fermes, où on ne puisse entretenir un pré de cette grandeur avec les eaux ordinairement perdues), chaque irrigation de la dixième partie, soit 5 ares, nécessitera le passage, sur toute sa surface, d'une nappe d'eau d'au moins 5 centimètres d'épaisseur, en tout 25 mètres cubes, capacité que devra avoir, au minimum, le réservoir auquel on pourra donner 5 mètres de côtés et un mètre de profondeur; le fond bien battu et tout simplement garni d'une couche de béton (sable et chaux hydraulique) de 4 à 5 centimètres d'épaisseur; ce sera, y compris les fondements, un développement de murailles d'environ 25 mètres carrés et un bétonnage, le fond, de même grandeur. En donnant au réservoir 60 à 80 centimètres de plus en profondeur, et en

établissant l'un de ses côtés, celui au nord,
avec une inclination assez douce pour qu'on
puisse y placer une certaine épaisseur de
pierrailles mêlées de terre et recouvertes de
gazon et de jonc, on pourra y entretenir du
poisson qui y profitera rapidement, parce que
les eaux des cours, des chemins et des
champs, souvent renouvelées, sont très-favo-
rables à son développement. Si on ne veut
pas utiliser ainsi le réservoir, il pourra, s'il
n'est pas trop éloigné de la ferme (plus près on
pourra l'établir ainsi que le pré, mieux cela
vaudra pour plus d'une raison), il pourra servir de mare aux oiseaux aquatiques et même
d'abreuvoir pour les gros animaux. Enfin, si
on ne veut l'utiliser que pour arroser, on
devra y jeter, le plus souvent possible, des

plantes vertes : herbes, feuilles, pampres de vigne, fanes de pommes de terre, etc., après les avoir préalablement fait fermenter pendant une quinzaine de jours, en tas remué une ou deux fois. Ces substances (le plus sera le mieux) en pleine fermentation, mêlées à l'eau, la feront rapidement entrer en décomposition, et quintupleront et même décupleront ses qualités fertilisantes ; aussi pour en fixer l'ammoniaque [1], sera-t-il nécesaire d'y jeter de temps à autre un peu de sulfate de chaux [1] (plâtre) ou d'acide sulfurique [1], 2 kilogrammes par exemple, de cette dernière substance pour tout le contenu du réservoir. On agitera bien après avoir versé l'acide. On

---

[1]. Voir l'appendice.

3**

augmentera encore la richesse du mélange, en y ajoutant, lorsqu'on le pourra, des cendres non lessivées, des pierres salpêtrées (nitrate de potasse) [1], de la suie, etc. Le réservoir devra être curé toutes les fois que besoin sera. La vase en provenant, ainsi que les dépôts plus ou moins terreux, enlevés du fond des petits bassins, seront d'excellents engrais.

Quant à la sortie de l'eau du réservoir, eau qui devra être agitée à ce moment, si on l'améliore comme nous venons de l'indiquer, il y a plusieurs moyens : on peut placer une large pierre, percée d'un trou rond ayant un diamètre plus ou moins grand, selon le débit

1. Voir l'appendice.

que l'on désire obtenir, à 25 centimètres environ au-dessous de la surface du réservoir
(il est nécessaire que le tampon en bois qui
fermera ce trou soit toujours recouvert d'eau),
à l'endroit où doit avoir lieu l'écoulement. Ce
trou qui communique avec un canal de même
section, passant sous la muraille du réservoir, est bouché, après chaque évacuation,
avec un tampon en bois garni au besoin d'ar-
gile, pour empêcher toute fuite. Lorsque le
réservoir est plein, on enlève ce tampon muni
d'une boucle à sa partie supérieure, au moyen
d'un crochet. Mais ce procédé a un grave
inconvénient : il nécessite la présence d'une
personne pour ôter le tampon et le remettre.
Un autre moyen, le siphon [1], s'amorçant seul,

1. On appelle Siphon un appareil composé de trois

est infiniment plus commode et ne coûte pas plus cher. L'invention est due à M. Burjaud, qui a imaginé de mettre en jeu le siphon sans le secours de la main, sans soupape, etc. La branche courte du siphon plonge dans le réservoir plein. Le tube horizontal qui la fait communiquer avec la grande branche est noyé dans la muraille. La grande branche, celle qui est extérieure, a son extrémité placée à 2 ou 3 centimètres du fond d'un petit vase de 5 à 6 centimètres de profondeur; lorsque dans le réservoir qui se remplit, l'eau arrive à la hauteur de la paroi inférieure de la branche horizontale, l'eau commence à couler, le petit

tubes : deux verticaux d'inégales longueurs et un horizontal, dont chacune des extrémités est jointe à celles supérieures des deux premiers tubes.

vase se remplit, l'eau monte de quelques centimètres dans l'extrémité de la branche inférieure du siphon, en sorte que l'air extérieur
ne peut plus y pénétrer par l'une ni par
l'autre de ses deux ouvertures qui, toutes
deux, plongent dans l'eau. L'eau qui tombe
dans le tube du siphon entraîne une partie de
l'air qu'il renferme et s'échappe avec lui dans
le vase. L'air du siphon sort ainsi successivement, le vide s'opère et la pression atmos-
phérique faisant monter l'eau dans tout l'en-
semble du siphon, elle coule alors en abondance et sans interruption. Ce mode est
infiniment préférable au tampon. Le réservoir
se vide et se remplit sans le secours de la
main de l'homme. Ce siphon peut être construit en tuyaux de terre, en zinc, en tôle gal-

vanisée, etc., et coûte, en définitif, moins cher que le premier appareil que nous avons décrit. Lorsqu'on veut conserver le réservoir plein, on ôte le petit vase placé sous la grande branche du siphon, qui ne fait plus qu'évacuer le trop plein du réservoir. Lorsqu'une partie du pré a reçu plusieurs fois de suite l'eau du réservoir, on en dirige le contenu sur une autre partie, etc.

L'établissement du réservoir et du siphon pourra revenir à 100 ou 150 francs. Quant à la dépense nécessitée pour l'achat et la pose des tuyaux ou drains qui amèneront l'eau, etc., nous ne pouvons l'indiquer, cela dépendra de leur développement en longueur. Il y a aussi les petits bassins, nous supposons toujours un sol perméable. L'établissement de tout le système reviendra, dans la plupart des cas, à 200 ou 250 francs pour 50 ares de pré. C'est beaucoup sans doute (plus le réservoir est grand, moins il coûte proportionnellement à sa capacité), mais c'est peu de chose si l'on songe que ces 50 ares qui, avant leur conversion en prairie, ne donnaient peut-être pas 25 francs de revenu net, en donneront huit à dix fois plus, sans aucune dépense d'engrais et presque sans main-d'œuvre. On peut établir un réservoir et un pré sur une échelle encore plus petite; mais les frais, nous venons de le dire, seront proportionnellement plus considérables.

Eaux des sources, des ruisseaux et même des rivières.

Ces eaux sont en général excellentes pour l'irrigation, quoique possédant des qualités fertilisantes à des degrés différents. Avant de rien entreprendre, il sera cependant nécessaire de s'assurer de leurs propriétés par l'inspection des herbes qui croissent autour de la source ou sur les bords des ruisseaux, etc. Le procédé que nous venons de décrire pour la réunion des eaux, leur écoulement, etc., peuvent aussi s'appliquer aux eaux des sources et des petits ruisseaux, mais lorsqu'il s'agira d'irrigations importantes, ils seront plus compliqués.

Nous regrettons de ne pouvoir qu'effleurer cette question de l'emploi des eaux de toutes provenances, question d'une si haute importance pour le présent et l'avenir de notre agriculture, mais le sujet est beaucoup trop vaste pour l'espace que nous pouvons lui consacrer ici : nous nous empresserons, d'ailleurs, de donner directement tous les renseignements qui pourront nous être demandés. Disons seulement, en terminant cet article, qu'on laisse en France perdre des masses incalculables d'eau, qui coulent et fuient sans rendre aucun service, quand, par leur emploi intelligent, elles nous fourniraient l'équivalent de montagnes d'engrais.

Nous ne croyons pas devoir ajouter à cette affligeante et longue liste des engrais perdus dans les campagnes, les curures de mares, de canaux, de ruisseaux, etc. : on en connaît généralement la valeur, malheureusement on ne songe pas toujours assez à se les procurer aussi souvent et aussi abondamment qu'on le pourrait. Nous les recommandons, ce sont d'excellents engrais, mais qu'il est parfois nécessaire de saupoudrer de poussière de chaux blanche pour en corriger l'acidité.

CHAPITRE V.

DIVERS ENGRAIS PERDUS.

Les champignons.

Les naturalistes modernes considèrent les champignons comme plus rapprochés du règne animal que du règne végétal. D'un autre côté, la chair musculaire contient, à l'état humide, 3–43 pour cent d'azote [1] et est, après préparation, une des plus riches matières fertilisantes. Or, les champignons ont tous les caractères de la chair, et leur subs-

1. De Gasparin.

tance est, comme la chair, très-azotée. 1 à 1 1/2 pour cent d'azote à l'état humide, soit, en moyenne, 1-25 dour cent, c'est-à-dire que, d'après leur teneur en azote, 100 kilogrammes de champignons valent :

36 kilogr. de chair musculaire.

88 id de poudrette du commerce.

171 id. d'excréments solides de mouton.

209 id. de crottin de cheval.

377 id. d'excréments solides humains.

390 id. d'excréments solides de bœuf.

Bien préparés, ils constituent un excellent engrais qui ne coûte, comme le crottin des routes, que la peine de le ramasser, mais qui vaut deux fois mieux que lui. 4,000 kilogrammes de champignons contiennent l'azote nécessaire pour fertiliser un hectare de terre, 400 kilogrammes pour fertiliser 10 ares, etc. Les bois, les bruyères, etc., produisent, chaque année, des quantités énormes de champignons de toute espèce, dont on ne recueille que celles qui sont comestibles, c'est-à-dire, moins peut-être de la dix-millième partie. Nous engageons les cultivateurs qui possèdent des bois, à faire ramasser avec soin les champignons qui, à certaines époques de l'année, croissent en telle abondance que, dans certaines parties des sapinières, par exemple, le sol en est presque entièrement couvert (c'est un travail de femmes et d'enfants), puis à les stratifier aussitôt de la manière que nous avons indiquée en traitant de la chair des animaux morts. La décomposition a lieu très-rapidement et l'engrais est promptement en état d'être répandu.

4

L'azote des chaumes brûlés.

On a, dans quelques contrées, la très-déplorable habitude de brûler sur pied les chaumes après la moisson. Les cultivateurs qui agissent ainsi devraient, pour être logiques, brûler aussi leurs fumiers afin d'en obtenir la cendre. La paille de froment contient 0-24 pour cent d'azote [1]. Sur 400 kilogrammes de chaumes brûlés, on perd donc environ 1 kilogramme d'azote, qui disparaît pendant la combustion. Il ne reste absolument que les parties minérales du chaume. Pour éviter cette perte d'engrais, qui ne laisse pas que d'être importante, on doit : ou couper le blé très-près de terre, ou enlever le chaume aus-

1. De Gasparin. — Voir l'appendice.

sitôt après la moisson, pour l'employer en litière et, par un labour, enterrer dans les deux cas, de suite, ce qu'il en reste avant une complète dessiccation.

L'azote du bois brûlé.

Toutes les substances végétales contiennent de l'azote en plus ou moins grande quantité. Certaines espèces de bois en contiennent en notable proportion, comme on peut le voir par le tableau suivant :

Proportion d'azote contenu dans quelques bois :

Sapin,	0 28 pour cent.
Acacia,	0 29
Tiges de topinambours,	
brûlées parfois,	0 37
Sarments de vigne.	0 38
Chêne.	0 54

Genêt (bois et ramille),   1 22 pour cent.

Bruyère (id.),   1 26

Ainsi 400 kilogrammes de bois laissent échapper pendant la combustion :

	kil.	fr. c.		fr. c.
Sapin ,	1	12 à 2 50	=	2 80
Acacia ,	1	16 id.	=	2 90
Tiges de topinambours,	1	48 d.	=	3 90
Sarments de vigne .	1	72 à 2 50	=	4 33
Chêne ,	2	16 id.	=	5 40
Genêt ,	4	88 id.	=	12 20
Bruyère ,	5	04 id.	=	12 60

Etc.

Or, dans les campagnes, on chauffe surtout les fours avec du genêt et de la bruyère. En examinant le tableau ci-dessus, chaque culti-vateur pourra se rendre compte de la quantité d'engrais perdu chez lui chaque année. pendant le chauffage de son four et de sa maison.

Ici, nous ne pouvons que signaler le mal. Peut-être trouvera-t-on un jour le remède, mais nous ne le possédons pas encore. La suie retient bien un peu d'azote au passage, 1-15 pour cent, d'après MM. Payen et Boussingault, mais c'est bien peu de chose. Espérons que par une forme spéciale donnée aux cheminées, et en faisant traverser certaines substances par les gaz produits pendant la combustion, on parviendra à recueillir, économiquement, les masses énormes d'azote que contiennent les bois employés à chauffer nos cheminées et nos fours. Le jour où nous obtiendrons ce résultat, un grand progrès sera accompli.

Dans l'état actuel des choses, la perte d'azote, produite par la combustion chaque année, convertie en argent, donnerait des milliards.

CHAPITRE VI.

L'AJONC EMPLOYÉ DIRECTEMENT COMME ENGRAIS.

Sauf la Bretagne et une partie de la Gascogne, où l'on emploie très-utilement l'ajonc à la nourriture du bétail , il ne sert ordinairement qu'au chauffage des fours. L'ajonc n'est donc pas entièrement perdu , mais toutes ses parties organiques disparaissent pendant la combustion, et il est si riche en azote [1] (1-86

1. Voir l'appendice.

pour cent[1], dans le même état de siccité que le bon foin de prairie naturelle, qui n'en contient que 2 pour cent), que la perte résultant de l'emploi de l'ajonc au chauffage est énorme. Si un cultivateur chauffait son four avec du foin, sa famille, très-certainement, demanderait aux tribunaux son interdiction; or, le cultivateur qui le chauffe avec de l'ajonc, fait, sans le savoir, une opération tout aussi désastreuse. Nous avons montré la perte d'engrais que produisait la destruction par le feu des chaumes de céréales; celle qui est la conséquence de la combustion de l'ajonc est neuf ou dix fois plus considérable.

Nous n'avons pas à nous occuper ici de l'emploi de l'ajonc comme fourrage, bien que

1. Isidore Pierre, *Chimie agricole.*

ce soit une excellente nourriture lorsqu'il est broyé, les estimations les plus modestes établissant que deux kilogrammes à l'*état vert* équivalent, avec avantage, à un kilogramme de bon foin *sec* de pré naturel, ce serait sortir de notre sujet. Nous venons seulement, après M. J.-C. Crussard[1], signaler aux cultivateurs, dans l'ajonc, une plante providentielle, un réservoir permanent d'engrais.

L'ajonc, à l'état vert, contient 4 ou 5 fois autant d'azote[2] que la paille de froment à l'état sec, et trois fois autant que le fumier normal de ferme, dans l'état où on le conduit ordinairement sur les guérets. Les cultivateurs ont donc le plus grand intérêt à employer di-

1. *Principes d'agriculture rationnelle.*

2. Voir l'appendice.

rectement comme engrais l'ajonc, qui croît spontanément sur leurs terrains ; nous expliquerons de quelle manière ; mais d'abord montrons quel immense avantage offre sa culture comme production d'azote, non au meilleur marché possible, il y a encore mieux que cela [1], mais à bien plus bas prix que tous les guanos et toutes les poudrettes du commerce et tous les fumiers de fermes.

L'ajonc marin est la luzerne des terrains pauvres, et nous penchons à croire qu'en terrains fertiles son produit serait, en définitif, supérieur à celui de la précieuse légumineuse à laquelle nous le comparons. Les terres calcaires exceptées, l'ajonc vient partout. Comme la luzerne, ses fortes et longues racines plon-

1. Voir *De l'Engrais pour rien !* par X. Delagarde.

4*

gent et vont quérir ses aliments à des profondeurs où pénètrent seuls les grands végétaux. Il ramène ainsi au jour des éléments qui, sans son intervention, fussent pendant des siècles peut-être restés dans le sous-sol, où les pluies ou d'autres causes les avaient accumulés. De plus, par la forme de son feuillage, il offre à l'air une surface considérable, et peut ainsi s'emparer avec une grande puissance des aliments gazeux de l'atmosphère ; peut-être aussi les innombrables pointes qui le hérissent, en établissant un échange continuel d'électricité entre le sol et l'air, contribuent-elles à lui en faciliter l'absorption. Sur ce point, comme sur bien d'autres, la science n'a pas dit son dernier mot. Dieu a refusé la beauté à l'ajonc ; mais il l'a doué de qualités bien plus précieuses que nous ne retrouvons, unies au degré où il les possède, dans aucun des autres végétaux de nos climats. Par ses feuilles et ses racines, l'ajonc est un véritable accapareur d'engrais; n'est-ce pas déjà un moyen économique de s'emparer de l'azote de l'air, cette pierre philosophale des temps modernes?

L'ajonc est une plante améliorante de premier ordre, la première de toutes, pourrons-nous dire probablement un jour, qui permet d'établir les cultures d'une exploitation sur des bases aussi solides que lucratives. Mais nous sortons de notre sujet, et malheureusement l'ajonc n'est pas la seule bonne chose que dédaignent les cultivateurs pour courir après le vent.

CULTURE DE L'AJONC.

La graine, ordinairement, se sème à la vo-
lée, dans une céréale de printemps ; mais il
est infiniment préférable de la semer en lignes [1], bien fournies, espacées entre elles de
30 centimètres. Cette disposition permet de
donner très-économiquement [1] chaque année
au terrain, une ou deux façons, qui activent
singulièrement la végétation de l'ajonc, empêchent les plantes adventices de se développer
et maintiennent constamment le sol dans l'état
le plus propre à recevoir les influences at-

1. Voir *Les cultures en lignes et les doubles récoltes*, par
N. Delagarde.

mosphériques, et à faciliter les merveilleuses opérations chimiques qui s'accomplissent incessamment dans son sein. Dans ces conditions, il faut 15 à 18 kilogrammes de graines à l'hectare, selon l'état du sol ; on recouvre très-légèrement. On coupe la céréale assez haut pour que son chaume garantisse le jeune semis des ardeurs du soleil, et au printemps suivant, si un sarclage est nécessaire, il ne faut pas hésiter à le donner. On en sera amplement récompensé. A l'automne de la seconde année on peut commencer à couper l'ajonc, *très-près de terre,* avec une serpe ou une faulx à faucher de la bruyère ; mais ce n'est, selon les terrains, qu'à partir de la 3e à la 5e année, qu'il donne son maximum de produit. Il dure vingt ans et plus.

RENDEMENT.

En terre ordinaire, il donne, en moyenne chaque année, 25 mille kilogrammes à l'hectare. En bonne terre, on en obtient 40 et même 50 mille kilogrammes, lorsqu'il a été semé en lignes, et qu'il reçoit les façons que nous avons indiquées, c'est-à-dire, qu'au minimum, il donne tous les ans à son maître, selon les terrains, 250, 400 ou 500 kilogrammes d'azote par hectare. Le produit d'un hectare d'ajonc en terrain ordinaire est donc suffisant pour fumer 5 hectares de terre en culture. Dans un bon sol, un hectare d'ajonc donne, annuellement, le fumier vert nécessaire pour en fertiliser 8 à 10 hectares. Il n'y a ici aucune exa-

gération. Qu'on se rappelle le prix de l'azote
des engrais commerciaux, non fraudés, et que
l'on compare : quelque somme que l'on affecte
à la main-d'œuvre nécessaire au fauchage de
l'ajonc et à la préparation qu'il exige pour
être donné à la terre.

PRÉPARATION.

On peut donner l'ajonc à la terre de deux
manières : ou bien après avoir fait fermenter
les rameaux entiers pour en ramollir les parties ligneuses, alors il faut le traiter selon l'une
ou l'autre des méthodes que nous avons dé-
crites en parlant du fumier de ferme ; ou bien
sous forme d'engrais vert. Dans ce cas, aussitôt fauché (il ne faut pas qu'il se dessèche), il

doit être grossièrement coupé ou haché, soit avec un outil à main, soit au coupe-paille, en fragments de 4 à 8 centimètres, le plus court est le mieux, puis transporté sur le terrain, répandu et mêlé à la terre ou mieux enfoui complétement, à raison, par l'hectare, de 5,000 kilogrammes, contenant 50 kilogrammes d'azote. Il n'y a là, nous le répétons à dessein, aucune exagération, et nous prions le lecteur de remarquer que 50 kilogrammes d'azote dans les engrais commerciaux coûtent 250 francs. Il est utile de mettre l'ajonc-fumier vert dans le sol, quelques mois, si on le peut, avant l'ensemencement du terrain afin que ses parties les plus ligneuses se décomposent et soient prêtes a être absorbées par les plantes en temps opportun.

On peut aussi cultiver l'ajonc en lignes, simultanément avec un semis, chênes, pins, etc., en lignes aussi largement espacées. On obtient ainsi, sans frais de main-d'œuvre appréciables, d'énormes quantités de fumier vert, et des bois d'une venue splendide. Lorsque l'ajonc est fini, ses nombreuses racines se décomposent et servent d'aliments à la jeune futaie, Par cette méthode, au lieu de rester 20 ou 30 ans sans rien produire, les terrains que l'on destine à la production du bois donnent immédiatement et annuellement un revenu net, auquel celui de nos meilleures terres à céréales peut à peine être comparé[1].

1. Voir la description pratique dans : *Les cultures en lignes et les doubles récoltes*, par N. Delagarde.

CHAPITRE VII.

CONCLUSION.

Nous venons de donner un moyen sûr, économique et nullement repoussant, d'utiliser les matières fécales dans les campagnes. Nous croyons avoir prouvé, jusqu'à la dernière évidence, que les trois quarts des déjections d'une personne adulte, préparées comme nous l'avons indiqué, peuvent fumer environ vingt-quatre ares chaque année, et ont une valeur d'au moins vingt francs. Nous avons dit ce que perd, pendant sa carrière agricole, un chef d'exploitation, en négligeant de recueillir l'engrais fourni par lui-même, sa famille et son personnel. Nous devons ajouter que l'analyse prouve [1] que chaque kilogramme d'ammoniaque [2] qui se perd, contient autant d'azote [2] que soixante kilogrammes de froment, et que la perte de soixante kilogrammes d'urines équivaut en moyenne à celle d'un kilogramme d'ammoniaque : d'où il résulte que la perte d'un kilogramme d'urine correspond à celle d'un kilogramme de froment. Ainsi la perte de 447 kilogrammes d'urine qui, dans les campagnes, peuvent être

1. Isidore Pierre, *Chimie agricole*, page 253.
2. Voir l'appendice.

recueillies d'une personne adulte, représente celle de 447 kilogrammes de froment ou 6 hectolitres. Enfin, en admettant, comme on le fait généralement [1], que les déjections humaines mélangées contiennent, en moyenne, 3 pour 100 de leur poids d'azote, et en calculant d'après les chiffres que nous avons adoptés, relativement à la quantité de matières fécales mixtes pouvant être recueillies, 500 kilogrammes environ, on trouve une somme de 15 kilogrammes d'azote, par année, dans les déjections d'une personne adulte.

On voit quelles immenses ressources en engrais offrent les matières fécales, et on

1. Isidore Pierre, *Chimie agricole*, page 286.

comprend la conduite des Chinois qui font exactement le contraire de ce que nous faisons. Nous laissons perdre les déjections humaines et recueillons celles des animaux, qui valent 3 ou 4 fois moins. En Chine on néglige ces dernières, mais les premières sont conservées avec le plus grand soin.

Si maintenant nous appliquons aux vingt-cinq millions d'habitants des campagnes, non les appréciations que nous venons de citer, mais les chiffres modestes qui ont servi de bases à nos calculs, nous trouvons les résultats suivants :

En admettant que sur ces vingt-cinq millions, il y ait seulement seize millions d'individus adultes des deux sexes, et neuf millions d'enfants, ne fournissant chacun que la moitié des matières fécales, émises par un sujet de la première catégorie, on a :

$$16,000,000 \times 24 \text{ ares} = 3,840,000 \text{ hectares.}$$
$$9,000,000 \times 12 \text{ id.} = 1,080,000 \quad \text{id.}$$

Total,   4,920,000 hectares.

Ainsi on voit qu'en négligeant de recueillir, ce qui peut être recueilli, des matières fécales de vingt-cinq millions d'individus, composant la population rurale de France, on se prive volontairement, chaque année, d'un engrais qui fertiliserait tout près de *cinq millions d'hectares de terrain*. Et, si on porte, ce qui n'a rien d'exagéré, à cent francs la fumure d'un hectare, on arrive à ce résultat vraiment déplorable :

Que la population rurale française (il n'est

pas ici question de celle des villes) laisse annuellement perdre pour *cinq cent millions de francs d'engrais* (matières fécales seulement).

Nous avons aussi montré le parti qu'on peut tirer des animaux morts. Nous ne pouvons établir, même d'une manière approximative, pour quelle somme, durant sa carrière, un cultivateur laisse perdre d'engrais, en négligeant de s'occuper des animaux qui meurent à son service ; mais nous ne craignons pas de dire que c'est au moins par dizaines de millions que se chiffre la valeur de l'engrais ainsi perdu en France chaque année.

Nous avons établi ce que les cultivateurs laissent perdre d'engrais, en ne recueillant pas la surabondance des urines de leurs animaux et le purin qui s'échappe de leurs tas de fumier, pour aller fertiliser l'eau de leur puits et les sources voisines, si le terrain est perméable, ou l'atmosphère et les chemins de l'exploitation. — Nous avons indiqué les pertes énormes qui résultent de la disparition des gaz fertilisants pendant la fermentation des fumiers, mal préparés presque partout. — Nous avons montré le parti que l'on pouvait tirer des eaux ayant servi au lavage des laines et de celles du rouissage du chanvre et du lin. C'est encore par centaines de millions qu'il faut compter les pertes éprouvées, chaque année par l'agriculture qui néglige de recueillir et d'utiliser ces engrais.

Nous avons tenté d'attirer l'attention des cultivateurs sur les immenses quantités de matières fertilisantes que renferment les eaux et sur les incalculables pertes, conséquences de leur non-emploi.

En résumé, nous croyons avoir démontré et nous sommes profondément convaincus qu'il se perd annuellement eu France , dans les campagnes seulement, *sans profit pour personne, pour plus de deux milliards de francs d'engrais , qu'il ne faudrait qu'un peu de soin pour recueillir et utiliser.*

Pour .compléter ce tableau, nous ajouterons , ce que tout le monde sait, que l'agriculture française achète, chaque année , à l'étranger, pour environ cent millions de francs de divers guanos et autres matières fertilisantes.

Espérons que dans un avenir prochain, les cultivateurs comprendront miéux leurs intérêts et ceux de leur pays, en tirant parti des immenses ressources d'engrais gratis qu'ils ont sous la main.

La production n'a peut-être pas de limite [1]. Dieu, dans sa science et sa bonté infinies, a placé à nos côtés les moyens de l'accroître sans cesse. Nous n'avons qu'à chercher pour trouver, qu'à nous baisser pour ramasser. Mais pour chercher, il faut avoir au moins une espérance. Or, dans l'état actuel de l'instruction des populations rurales, les cultivateurs, nous voulons dire l'immense majorité, n'ont aucune idée des transformations que subit la matière. Aussi, tout jeune homme intelligent, ne voyant dans l'agriculture qu'un métier de

1. Voir *De l'engrais pour rien !* par N. Delagarde, et *Les Cultures en lignes et les doubles récoltes*, par le même.

manœuvre, quitte les champs pour la ville. Ces faits ne peuvent être niés, et nous savons tous quels en sont, à tous les points de vue, les tristes conséquences. Efforçons-nous donc d'éclairer autour de nous, et faisons des vœux pour que l'instruction donnée aux enfants des cultivateurs les attache davantage au sol et à l'agriculture. Puissions-nous voir le jour où l'homme des champs, au lieu d'aller le dimanche s'enfermer dans les cabarets, où il laisse trop souvent sa raison, sa santé et l'aisance de sa famille, ira, après avoir rempli ses devoirs religieux, à la mairie, causer science agricole et lire les ouvrages de nos maîtres.

APPENDICE [1].

———

AZOTE.

L'azote est un corps simple très-répandu dans la nature. Il fait partie de presque toutes les substances animales, d'un très-grand nombre de substances végétales, de tous les nitrates [2], et de tous les sels ammoniacaux [2]. Il se trouve à l'état de gaz dans l'air, dont il forme, à peu près, les quatre cinquièmes. D'après MM. Dumas et Boussingault, 1000 litres d'air, dans les conditions ordinaires, contiennent 792 litres d'azote, ou bien en poids 1000 kilogrammes d'air, 770 kilogrammes d'azote.

1. Pour plus de détails, consulter l'excellent ouvrage de *Chimie agricole*, par M. Isidore Pierre, où nous avons parfois puisé.

2. *Voyez* Nitrates et Ammoniaque.

4***

Les sols en contiennent en proportion plus ou moins grande; on le trouve dans presque tous les aliments, dans les engrais, dont les plus actifs et les plus estimés en contiennent 15 à 16 pour cent. Il semble remplir dans les matières un si grand rôle, que beaucoup de savants admettent que le pouvoir nutritif des aliments est en raison de leur richesse en azote et que la puissance d'un engrais doit se mesurer par la quantité proportionnelle d'azote qu'il renferme.

Le fumier de ferme, composé des fumiers mélangés des divers animaux garnissant ordinairement une exploitation, ni trop sec ni trop humide et dans un état moyen de décomposition, contient[1] 0 kilog. 42 d'azote par 100 kilogrammes de son poids.

L'azote se rencontre dans les plantes en quantité variable :

Proportion d'azote pour 1000 parties de matière sèche[2],

Froment (graine),	de 21	à 29
Id. (paille),	de 4	à 6
Sarrazin (graine),	de 21	à 22

1. De Gasparin.
2. Isidore Pierre, *Chimie agricole*.

Proportion d'azote pour 1000 parties de matière sèche.

Sarrazin (paille),	de	6-05 à 08
Seigle (graine),	de	19 à 21
Id. (paille),	de	3 à 4
Orge (graine),	de	16-20 à 20
Id. (paille),	de	4-50 à 5 00
Avoine (graine),	de	16-02 à 20
Id. (paille),	de	4-50 à 5-00
Sainfoin (graine),	de	46 à 47.
Fourrage fané,	de	18-10 à 22-5
Trèfle rouge fané,	de	22 à 23
Luzerne id.	de	27 à 28
Foin de pré naturel,	de	12 à 20
Navets,	de	16-05 à 17-9
Betteraves,	de	13-05 à 23
Carottes,	de	15 à 17

AMMONIAQUE (ALCALI VOLATIL).

L'ammoniaque est une substance formée d'azote et d'une autre substance qu'en chimie on appelle hydrogène. L'hydrogène est un gaz dont les parties sont dans un état de si grande division qu'elles en sont devenues invisibles, à l'état de pureté il n'a ni couleur ni odeur. Il est le plus léger de tous les corps connus. Il prend feu à l'air, à l'approche d'un corps enflammé. Uni à l'oxygène[1] il constitue l'eau, il fait partie de toutes les matières végétales et animales.

Le gaz ammoniaque est doué d'une odeur très-forte et piquante. sa saveur est âcre et brûlante et rappelle l'urine putréfiée : ce qui s'explique facilement puisqu'il s'en dégage considérablement pendant la putréfaction des urines. L'ammoniaque est très-soluble dans l'eau. Les pluies et la neige en contiennent. Il résulte des expériences de M. Barral, que les eaux de pluie peuvent chaque année en apporter à la terre au moins 21 kilogrammes par hectare, auxquels il faut ajouter la quantité fournie par les rosées et les brouillards. Il existe dans les sols, dans la proportion de 1-70 à 0-047 par 1,000 parties de terre arable desséchée à l'air. Il est à remarquer qu'en général ce sont les terres argileuses qui en contiennent le plus ; les sables et les marnes, le moins.

L'ammoniaque contient l'azote dans un état où il est prêt à fertiliser les végétaux.

---

1. *Voyez* Acide sulfurique.

ACIDE SULFURIQUE.

L'acide sulfurique est la combinaison du soufre et de l'oxygène.

L'oxygène est un gaz dont la propriété la plus remarquable est d'activer d'une manière surprenante la combustion des corps susceptibles d'être brûlés. Il entre dans la composition de l'air, dans la proportion d'environ un cinquième. C'est par l'oxygène qu'il contient, que l'air est respirable. Si l'air était privé d'oxygène, les animaux seraient asphyxiés.

L'acide sulfurique agit à la manière du plâtre (sulfate de chaux) dans les sols calcaires ; mais le prix auquel on peut se le procurer dans le commerce, vingt francs environ, les 100 kilogrammes, ne permet pas de l'utiliser ainsi.

———

ACIDE PHOSPHORIQUE

L'acide phosphorique est la combinaison du phosphore et de l'oxygène.

Le phosphore est une substance solide, très-inflammable et qui jouit de la propriété d'être lumineuse dans l'obscurité. C'est à sa présence à leur extrémité que les allumettes à friction doivent cette trace lumineuse que l'on voit la nuit sur les objets contre lesquels on les a frottées.

On a trouvé de l'acide phosphorique dans tous les végétaux dont on a examiné les cendres, mais c'est surtout dans la composition des grains où il prend une large place.

47 pour cent dans les cendres de froment.

34   dans celles   de fèves.

30   id.   de pois.

27   id.   de haricots.

Etc.

L'acide phosphorique se trouve dans les terres surtout de bonne qualité, dans les engrais et aussi dans quelques amendements. Les os des animaux en contiennent, mais à l'état de phosphates; c'est aussi sous cette forme qu'il se trouve dans les cendres des plantes.

PHOSPHATES.

Les os, nous venons de le dire, contiennent une énorme quantité de phosphate de chaux. Dans les terres, le phosphate de chaux est toujours accompagné du phosphate de magnésie [1] qui se trouve dans les excréments de l'homme et des animaux. Les fumiers en contiennent aussi une assez forte proportion : il existe aussi dans les plantes et se trouve abondamment dans les graines de céréales — le phosphate d'ammoniaque paraît produire une action très-active sur le froment et sur les prairies naturelles — le phosphate d'ammoniaque et de magnésie étant peu soluble dans l'eau, agit sur les plantes plus lentement et plus longtemps. Son effet est très-efficace. Les phosphates de soude et de potasse [2] paraissent favoriser la végétation et le poids des grains de céréales.

[1]. La magnésie est une substance blanche, ordinairement pulvérulente, qui accompagne presque toujours la chaux dans les végétaux ; les cendres des grains de froment en contiennent 16 pour 100 de leur poids.

[2]. *Voyez* Soude et Potasse.

CHAUX.

Tout le monde connaît la chaux et ses effets. Elle ne se trouve naturellement dans les sols qu'à l'état de carbonate de sulfate et de chlorure [1]. Elle entre pour une part considérable dans la composition des cendres de certaines plantes. Celles du tabac en contiennent plus de 60 pour 100. Les cendres des fanes de pommes de terre, du trèfle, du sainfoin, en moyenne, 65 pour cent.

CENDRES.

Les cendres et leurs bons effets sur les végétaux sont connus de tous. La potasse [2] et la soude constituent plus de la moitié des cendres de bois.

CHARBON.

Le charbon est aussi connu que les cendres. Ce

1. Unie au carbone.
2. *Voyez* Soude *et* Potasse.

n'est pas un engrais, mais il rend de grands services par la propriété qu'il possède à un haut degré, d'absorber les gaz infectants et fertilisants pour ne les rendre ensuite que lentement aux plantes.

NITRATES.

Les nitrates sont des sels. La plus grande partie des terres en contiennent. — Le nitrate d'ammoniaque contient 35 pour cent d'azote. Il exerce particulièrement sur les prairies artificielles une action très-puissante. — Le nitrate de potasse [1] ou salpêtre produit d'excellents effets sur les plantes. Les résultats obtenus sur la végétation par les démolitions de vieilles murailles, ont souvent pour cause la présence du salpêtre. M. Lecoq le considère comme le meilleur de tous les engrais solides. — Le nitrate de soude [2] peut être placé sur la même ligne. Il active considérablement la végétation du froment, de l'orge, de l'avoine, des prairies naturelles, etc.

Les nitrates se produisent et peuvent se produire naturellement, lorsque les circonstances le per-

1. *Voyez* Potasse. — 2. *Voyez* Soude.

mettent, dans les fumiers mélangés avec de la marne, dans les cendres lessivées et même dans les sols.

SILICE.

La silice pure est une substance solide, blanche, que l'on rencontre presque partout dans les sols, dans les végétaux et même dans les animaux. Certains sables en contiennent en proportions considérables, et certaines plantes énormément aussi. M. Berthier en a trouvé 70 pour 100 dans la cendre de paille de froment. On est porté à croire que c'est surtout à cette substance que les tiges des végétaux doivent leur rigidité.

ACIDE NITRIQUE.

L'acide nitrique est composé d'azote et d'oxygène. Il n'a jamais été trouvé pur dans la nature. On le rencontre combiné avec la chaux, la potasse, la soude, la magnésie et l'ammoniaque.

POTASSE.

La potasse est une substance solide, blanche, excessivement corrosive; elle se dissout abondamment dans l'eau, et la liqueur qui en provient, grasse au toucher, a tous les caractères d'une bonne lessive de cendres de bois, ce qui est tout simple, puisqu'en lessivant les cendres on ne fait que leur enlever la potasse qu'elles contiennent en assez grande quantité. On trouve la potasse dans les cendres de presque tous les végétaux terrestres et parfois en proportion considérable. Les cendres de pommes de terre, celles de haricots en contiennent environ la moitié de leur poids. Il en est de même des cendres de fèves et de celles de topinambours.

La potasse existe dans presque tous les engrais et dans presque tous les sols. Certains en contiennent jusqu'à 3 à 4 pour cent, mais il y a des terrains qui n'en possèdent presque pas. Sur ces derniers, les cendres ou les charrées y produisent les effets les plus énergiques. Cela se comprend puisqu'elles apportent à ces sols ce qui leur manque.

SOUDE.

La soude ressemble beaucoup à la potasse par ses caractères généraux. On trouve ordinairement la soude en moins grande proportion que la potasse, dans les cendres des végétaux terrestres, mais beaucoup plus abondamment que la potasse dans les végétaux marins, employés presqu'exclusivement à fumer les terres sur les bords de la mer. On la trouve aussi dans les sols en plus ou moins grande proportion. La soude semble pouvoir, dans beaucoup de cas, remplacer en partie la potasse dans les plantes et dans les sols.

Soude et potasse se trouvent ordinairement dans les terres en combinaison avec divers acides.

SULFATE DE FER.

Le sulfate de fer, sel de fer, outre ses propriétés désinfectantes, paraît, à la dose de 10 ou 12 grammes dissous dans l'eau, produire de bons effets, appliqué sur les racines des plantes qui souffrent, dont les feuilles sont jaunes. Si on voulait en arroser les feuilles des céréales, par exemple, il ne faudrait faire dissoudre que 2 grammes de sulfate de fer par litre, pour ne pas corroder les plantes.

SULFATE DE CHAUX.

Le sulfate de chaux ou plâtre est connu et employé par tous les cultivateurs. Nous croyons inutile toute explication à son sujet.

TABLE ANALYTIQUE DES MATIÈRES

PAR ORDRE ALPHABÉTIQUE.

B

C

D

E

G

I

L

N

P

TABLE DES MATIÈRES.

POITIERS, TYP. DE HENRI OUDIN.

BIBLIOTHEQUE NATIONALE DE FRANCE
3 7531 05030052 5